“三教”改革背景下
大数据与会计专业“业财税”融合实践教学研究

罗佛如　郭海霞　阿　荣　主编

·北　京·

内容简介

本书以“三教”改革为抓手，研究在大数据技术、人工智能等新兴技术环境下，会计职业教育如何转型开展“业财税”融合实践教学改革。改革研究包括“业财”融合实践教学内容设计、“财税”融合实践教学内容设计、“业税”融合实践教学内容设计三项，涉及营运管理岗位、资金管理岗位、成本管理岗位、绩效管理岗位、纳税申报岗位、税务检查岗位、纳税筹划岗位、税务风险管理岗位等八大岗位实践教学内容改革。“业财税”融合实践教学改革研究有效对接以上八大岗位工作内容和工作过程，并融合“1+X”职业技能等级证书考核标准和职业院校技能大赛会计技能赛项、智能财税赛项考核内容，满足了在“大智移云物区”环境下会计职业由“核算型”向“管理型”转型要求，以提高专业人才培养质量。

本书适合高职高专院校大数据与会计、大数据与财务管理、大数据财税应用等专业实践教学使用，也可作为社会财务工作从业人员的业务学习用书。

图书在版编目（CIP）数据

“三教”改革背景下大数据与会计专业“业财税”融合实践教学研究/罗佛如，郭海霞，阿荣主编. —北京：化学工业出版社，2023.3

ISBN 978-7-122-42657-4

Ⅰ.①三… Ⅱ.①罗… ②郭… ③阿… Ⅲ.①数据处理-数据研究-高等学校 ②会计学-教学研究-高等学校 Ⅳ.①TP274②F230

中国版本图书馆 CIP 数据核字（2022）第 245148 号

责任编辑：王　可　　装帧设计：张　辉
责任校对：宋　玮

出版发行：化学工业出版社（北京市东城区青年湖南街 13 号　邮政编码 100011）
印　　装：北京机工印刷厂有限公司
710mm×1000mm　1/16　印张 15　字数 351 千字　2024 年 7 月北京第 1 版第 1 次印刷

购书咨询：010-64518888　　售后服务：010-64518899
网　　址：http://www.cip.com.cn
凡购买本书，如有缺损质量问题，本社销售中心负责调换。

定　　价：68.00 元

前言

“互联网＋”等数字经济快速发展，以大数据、云财务、人工智能为代表的数字经济时代已经到来，这加快了会计职业由“核算型”向“管理型”转型，传统会计行业的工作模式发生着巨大变化。需要会计人员手工操作的核算工作逐步由RPA财务机器人完成，实现了会计核算智能化、自动化。财务会计人员可从重复烦琐的会计核算中解放出来，将工作重心转向提供战略决策的管理方向。在会计职业转型的大背景下，会计课程“由谁来教”“教什么”“怎么教”直接决定了教学质量高低。以“1＋X”证书为抓手，推动教师、教材、教法改革，才能真正提高课程教学质量。

“业财税”融合是指为了提升企业内部管理水平，通过利用相关信息，有机融合业务、财务和税务活动，在企业规划、决策、控制和评价等方面发挥重要作用的价值创造活动。国家重视企业财务管理“业财税”融合，积极推进会计职业方向转型，先后颁布了《关于全面推进管理会计体系建设指导意见》《管理会计基本指引》《管理会计应用指引第100号——战略管理》等文件，强调了管理会计的重要性，同时鼓励高职院校要加快管理会计课程体系建设，积极探索“业财税”融合实践教学。因此，“业财税”融合实践教学改革将成为未来几年大数据与会计专业教学改革的制高点。

本书具有以下特色：

(1) 以“三教”改革为抓手，融入“1＋X”证书考核内容，对企业“业财税”一体化工作内容和工作过程进行分析，并与《管理会计基础》《管理会计实务》《企业财务管理》《企业财务分析》《成本核算与管理》（仅指成本管理内容）等会计专业核心课程的相关实践知识与技能相结合。

(2) 以“工学结合、教学做一体化”为指导思想，模拟企业的真实经济业务，开发适合高职学生层次的“业财税”融合实践教学内容和教学过程。

(3) 按照会计专业学生毕业后就业的行业企业类型不同，区分制造企业和服务企业两套企业经济业务资料；按照会计专业学生毕业后可能从事的具体专业工作内容，全书分为“业财”融合、“业税”融合和“财税”融合三个篇章，具有较强的针对性、全面性和实用性。

本书是2020年内蒙古自治区高等学校科学技术研究项目《职业转型背景下会计专业“业财税”融合实践教学改革研究》（项目编号：NJSY20274，主持人：罗佛如）、2021年内蒙古自治区高等学校科学研究项目《“1+X证书”制度试点背景下高职院校会计专业“三教”改革研究》（项目编号：NJSY21343，主持人：郭海霞）、2022年内蒙古自治区高等学校科学研究项目《“1+X”证书制度试点背景下计算机应用技术专业“三教”改革研究》（项目编号：NJSY22418，主持人：苏娜）、2022年内蒙古化工职业学院横向课题研究《新设公司财务咨询服务》（项目编号：2022HXKT04，项目负责人：郭海霞）的阶段性研究成果。

本书由内蒙古化工职业学院罗佛如、郭海霞、阿荣、李晓波和内蒙古机电职业技术学院苏娜共同编写完成，罗佛如、郭海霞、阿荣担任主编，李晓波担任副主编，苏娜参与编写。具体分工为阿荣负责编写第一章第一节、第二章、第八章，郭海霞负责编写第一章第二节、第四章、第七章第二节，李晓波负责编写第三章，罗佛如负责编写第二篇、第七章第一节，苏娜负责收集和整理材料及书中计算机应用技术指导。

本书在编写过程中参考了不少教材和著作，得到了内蒙古明法度税务师事务所有限责任公司等校企合作单位的大力帮助和支持，在此深表谢意。

由于编者水平有限，对实际工作研究不够全面，书中难免存在疏漏和不当之处，在此我们期待使用本书的读者的不吝指正，以便今后不断完善。

编 者

2024年2月

目录

第一篇　“业财”融合实践教学内容设计

第二篇　“财税”融合实践教学内容设计

第三篇　“业税”融合实践教学内容设计

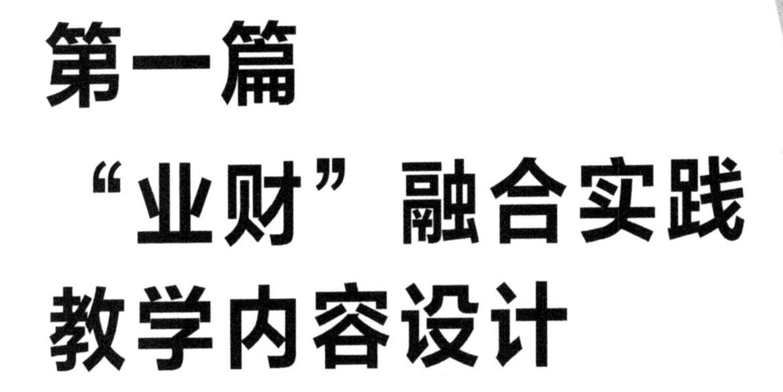

第一篇 “业财”融合实践教学内容设计

第一章

营运管理岗位实践教学内容设计

第一节 经营预算

采用滚动预算法、零基预算法、弹性预算法等方法编制销售预算、采购预算、成本费用预算。

一、销售预算

销售预算主要内容是销售量（Q）、单价（P）和销售收入（S）以及预计现金收入的计算（为编制现金预算做准备）。

【任务 1-1】 以完整小数位数引用计算，结果四舍五入保留 2 位小数填制答案，采用回归分析法（$Y=a+bX$）预测 20 号超市 2021 年销售收入。如表 1-1、表 1-2 所示。

表 1-1　20 号超市五年销售量汇总

品类＼年份	2020 年	2019 年	2018 年	2017 年	2016 年
生鲜/吨	1 719	1 809	1 689	1 691	1 827
食品/吨	1 205	1 231	1 179	1 088	1 125
日用品/件	236 400	214 550	178 560	85 300	60 490

表 1-2　20 号超市五年收入汇总

单位：元

品类＼年份	2020 年	2019 年	2018 年	2017 年	2016 年
生鲜	51 377 025	52 651 581	50 838 088	48 174 952	47 784 525
食品	52 416 776	53 526 388	53 459 207	51 173 368	51 126 575
日用品	8 029 033	7 286 489	6 132 549	2 929 430	2 077 471
合计	111 822 834	113 464 458	110 429 844	102 277 750	100 988 571

要求：在 Excel 中完成回归分析计算表的计算过程。如表 1-3 所示。

表 1-3 回归分析计算表

项目	年份	销售量 X /(万吨、万件)	销售收入 Y /万元	XY	X^2	Y^2	a	b
生鲜	2020 年							
	2019 年							
	2018 年							
	2017 年							
	2016 年							
合计								
食品	2020 年							
	2019 年							
	2018 年							
	2017 年							
	2016 年							
合计								
日用品	2020 年							
	2019 年							
	2018 年							
	2017 年							
	2016 年							
合计								

【实践教学指导】

（1）Excel 操作中“转置”的使用如图 1-1 所示。

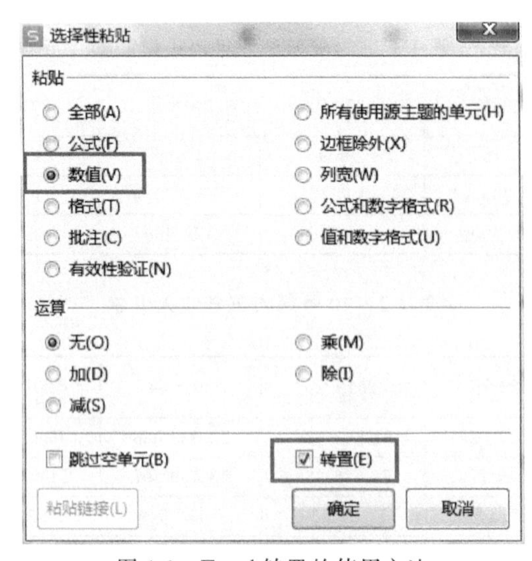

图 1-1 Excel 转置的使用方法

（2）Excel操作中“求和”的使用如图1-2所示。

① sum（数值1）

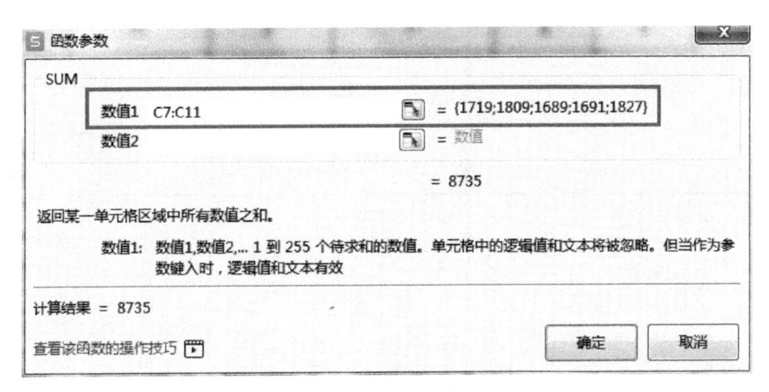

图1-2　sum求和的使用方法

② 使用组合键“Alt+=”进行“求和”运算。如图1-3所示。

项目	年份	销售量X/（万吨、万件）	销售收入Y/万元	XY	X^2	Y^2
生鲜	2020年	1 719	51 377 025	88 317 105 975.00	2 954 961.00	2 639 598 697 850 620.00
	2019年	1 809	52 651 581	95 246 710 029.00	3 272 481.00	2 772 188 981 799 560.00
	2018年	1 689	50 838 088	85 865 530 632.00	2 852 721.00	2 584 511 191 495 740.00
	2017年	1 691	48 174 952	81 463 843 832.00	2 859 481.00	2 320 826 000 202 300.00
	2016年	1 827	47 784 525	87 302 327 175.00	3 337 929.00	2 283 360 829 475 620.00
合计						

图1-3　Alt+=求和的使用方法

③ 在工具栏使用求和工具进行“求和”运算。如图1-4所示。

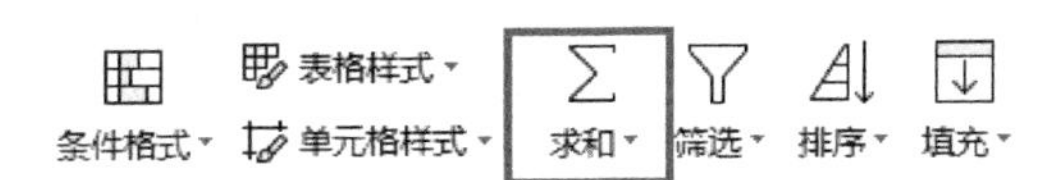

图1-4　工具栏“求和”工具的使用方法

（3）使用Excel函数求解b值和a值。

① Intercept（已知Y值集合，已知X值集合）函数求解b值。如图1-5所示。

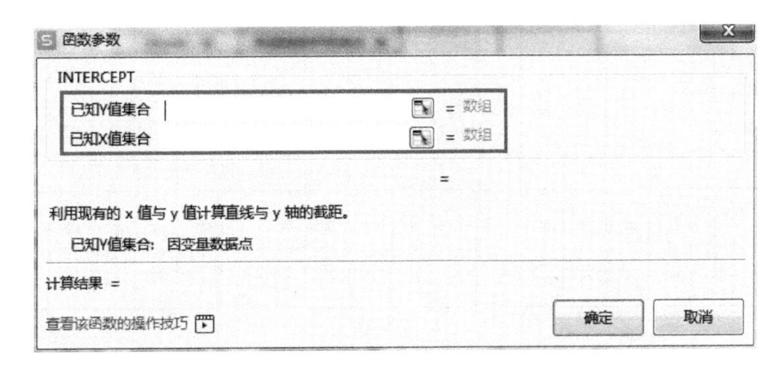

图1-5　使用Intercept函数求解b值

表 1-4 回归分析计算表

项目	年份	销售量 X /（万吨、万件）	销售收入 Y /万元	XY	X^2	Y^2	a	b
生鲜	2020 年	1 719	51 377 025	88 317 105 975.00	2 954 961.00	2 639 598 697 850 620.00	49 946 270.55	125.34
	2019 年	1 809	52 651 581	95 246 710 029.00	3 272 481.00	2 772 188 981 799 560.00		
	2018 年	1 689	50 838 088	85 865 530 632.00	2 852 721.00	2 584 511 191 495 740.00		
	2017 年	1 691	48 174 952	81 463 843 832.00	2 859 481.00	2 320 826 000 202 300.00		
	2016 年	1 827	47 784 525	87 302 327 175.00	3 337 929.00	2 283 360 829 475 620.00		
合计		8 735	250 826 171	438 195 517 643.00	15 277 573.00	12 600 485 700 823 900.00		
食品	2020 年	1 205	52 416 776	63 162 215 080.00	1 452 025.00	2 747 518 406 234 180.00	32 281 442.03	17 209.18
	2019 年	1 231	53 526 388	65 890 983 628.00	1 515 361.00	2 865 074 212 326 540.00		
	2018 年	1 179	53 459 207	63 028 405 053.00	1 390 041.00	2 857 886 813 068 850.00		
	2017 年	1 088	51 173 368	55 676 624 384.00	1 183 744.00	2 618 713 592 463 420.00		
	2016 年	1 125	51 126 575	57 517 396 875.00	1 265 625.00	2 613 926 671 230 620.00		
合计		5 828	261 702 314	305 275 625 020.00	6 806 796.00	13 703 119 695 323 600.00		
日用品	2020 年	236 400	8 029 033	1 898 063 401 200.00	55 884 960 000.00	64 465 370 915 089.00	42 652.41	33.85
	2019 年	214 550	7 286 489	1 563 316 214 950.00	46 031 702 500.00	53 092 921 947 121.00		
	2018 年	178 560	6 132 549	1 095 027 949 440.00	31 883 673 600.00	37 608 157 237 401.00		
	2017 年	85 300	2 929 430	249 880 379 000.00	7 276 090 000.00	8 581 560 124 900.00		
	2016 年	60 490	2 077 471	125 666 220 790.00	3 659 040 100.00	4 315 885 755 841.00		
合计		775 300	26 454 972	4 931 954 165 380.00	144 735 466 200.00	168 063 895 980 352.00		

② 使用 Slope（已知 Y 值集合，已知 X 值集合）函数求解 a 值。如图 1-6 所示。

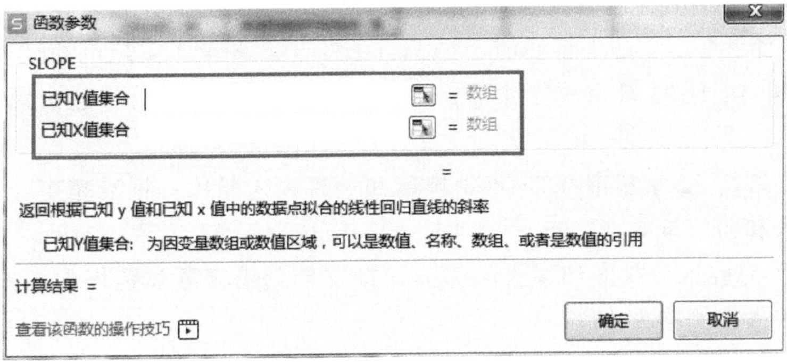

图 1-6 使用 Slope 函数求解 a 值

【计算结果】

计算结果如表 1-4 所示。

【任务 1-2】 完成 2021 年整个公司零售及批发部分销售量及销售收入预测表（表 1-5、表 1-6）。日用品销售量向上取整填制答案，并以此结果进行后续计算，其余数据以完整小数位数引用计算，结果四舍五入保留 2 位小数填制答案。

表 1-5 2021 年销售量预测表

品类	单位	零售量			批发量	合计
		在营门店	新增门店	小计		
生鲜	吨					
食品	吨					
日用品	件					

表 1-6 2021 年销售收入预测表

品类	单位	零售收入			批发收入	合计
		在营门店	新增门店	小计		
生鲜	元					
食品	元					
日用品	元					

业务资源：

① 100 家在营超市预测以 20 号超市 2021 年预测的各品类销售量和销售收入作为公司零售部分销售平均值，测算在营 100 家超市的销售量与销售收入。

② 12 家新增超市预测以上述预测的公司单一标准超市 2021 年各品类销售收入和销售量为基础，假设新增超市月度平均销售量和销售收入与单一标准超市相同，测算新增 12 家超市 2021 年销售量和销售收入。

【注】 公司的主要收入来源于生鲜类、食品类及日用品类等商品。2021 年公司继续拓宽市场，在全国新设立 12 家超市，新设立的 12 家超市开始运营时间分别为：7 月 1 日 3 家，9 月 1 日 6 家，10 月 1 日 2 家，剩余 1 家超市的经营手续及装修在 2021 年 12 月 31 日完成，并于 2022 年 1 月 1 日开始运营（超市规模与 20 号超市相当）。

所以，新增 12 家超市 2021 年销售量和销售收入是单一标准超市 2021 年各品类销售收入和销售量的（6×3＋6×4＋3×2）/12＝4 倍。

③ 公司总收入分批发和零售两部分，批发部分销售量和销售收入占总销售量和总销售收入比例均为 15%。

【实践教学指导】

（1）计算 20 号超市 2021 年预测的各品类销售量和销售收入

预计 20 号超市 2021 年销售生鲜 1 890.90 吨，食品 1 325.50 吨，日用品 260 040 件。如表 1-7 所示。

表 1-7 20 号超市 2021 年预测的各品类销售量和销售收入

品类	销量/(吨、件)	a 值	b 值	销售收入
生鲜	1 890.90	49 946 270.55	125.34	50 183 270.19
食品	1 325.50	32 281 442.03	17 209.18	55 092 210.76
日用品	260 040.00	42 652.41	33.85	8 844 270.18

注：a 值、b 值为以完整小数位数引用计算，下同。

（2）2021 年销售量预测计算过程。如表 1-8 所示。

表 1-8 2021 年销售量预测表

品类	单位	零售量			批发量	合计
		在营门店	新增门店	小计		
生鲜	吨	1 890.90×100	1 890.90×4		小计/0.85×0.15	
食品	吨	1 325.50×100	1 325.50×4		小计/0.85×0.15	
日用品	件	260 040.00×100	260 040.00×4		小计/0.85×0.15	

说明：注重考核学生对业务资源描述的理解和运用。

（3）2021 年销售收入预测计算过程。如表 1-9 所示。

表 1-9 2021 年销售收入预测表

品类	单位	零售收入			批发收入	合计
		在营门店	新增门店	小计		
生鲜	元	50 183 270.19×100	50 183 270.19×4		小计/0.85×0.15	
食品	元	55 092 210.76×100	55 092 210.76×4		小计/0.85×0.15	
日用品	元	8 844 270.18×100	8 844 270.18×4		小计/0.85×0.15	

说明：注重考核学生对业务资源描述的理解和运用。

【计算结果】

计算结果如表 1-10、表 1-11 所示。

表 1-10 2021 年销售量预测表

品类	单位	零售量			批发量	合计
		在营门店	新增门店	小计		
生鲜	吨	189 090.00	7 563.60	196 653.60	34 703.58	231 357.18
食品	吨	132 550.00	5 302.00	137 852.00	24 326.82	162 178.82
日用品	件	26 004 000.00	1 040 160.00	27 044 160.00	4 772 499.00	31 816 659.00

表 1-11 2021 年销售收入预测表

品类	单位	零售收入			批发收入	合计
		在营门店	新增门店	小计		
生鲜	元	5 018 327 018.66	200 733 080.75	5 219 060 099.41	921 010 605.78	6 140 070 705.19
食品	元	5 509 221 075.85	220 368 843.03	5 729 589 918.88	1 011 104 103.33	6 740 694 022.22
日用品	元	884 427 017.76	35 377 080.71	919 804 098.47	162 318 370.32	1 082 122 468.79
总计		11 411 975 112.27	456 479 004.49	11 868 454 116.76	2 094 433 079.43	13 962 887 196.19

【任务 1-3】 完成现金回款预算表。如表 1-12 所示。以完整小数位数引用计算，结果四舍五入保留 2 位小数填制答案。

表 1-12 现金回款预算表 单位：元

项目	第 1 季度	第 2 季度	第 3 季度	第 4 季度	合计
期初应收账款余额					
期初预收账款余额					
回款—批发					
回款—零售					
收款合计					
期末合同负债余额(预收账款)					
期末应收账款					

业务资源：

销售收入现金回款政策如下。

(1) 零售收入与现金回款

① 公司零售收入。公司零售收入全部由超市实现。其中：生鲜类各季度收入比例分别为 30%、18%、30%、22%；食品类各季度收入比例分别为 30%、20%、30%、20%；日用品类各季度收入比例分别为 17%、25%、40%、18%。

表 1-13 现金回款预算演算过程

项目	计算公式	第 1 季度	第 2 季度	第 3 季度	第 4 季度
各季度收入比例	—	0.3	0.18	0.3	0.22
零售—生鲜收入	零售收入小计×季度收入比例	1 565 718 029.82	939 430 817.89	1 565 718 029.82	1 148 193 221.87
各季度收入比例	—	0.3	0.2	0.3	0.2
零售—食品收入	零售收入小计×季度收入比例	1 718 876 975.67	1 145 917 983.78	1 718 876 975.67	1 145 917 983.78
各季度收入比例	—	0.17	0.25	0.4	0.18
零售—日用品收入	零售收入小计×季度收入比例	156 366 696.740	229 951 024.617	367 921 639.387	165 564 737.724
充值卡充值比例	—	4.05%	4.10%	4.02%	4.08%
零售收入合计	生鲜收入+食品收入+日用品收入	3 440 961 702.23	2 315 299 826.29	3 652 516 644.87	2 459 675 943.37
回款—零售	本期零售收入+本期预付卡充值收现(本期未消费未计收入,但本期已收现)—上期预付卡充值未消费收入(上期已收现,本期消费计收入)	3 461 823 413.93	2 281 976 084.24	3 691 444 552.06	2 424 818 650.39
期末合同负债(预收账款)	零售收入合计×充值卡充值比例×75%	104 519 211.705	71 195 469.658	110 123 376.843	75 266 083.87
批发各季度收入比例	—	0.3	0.25	0.21	0.24
批发—生鲜收入	批发收入×各季度收入比例	276 303 181.73	230 252 651.44	193 412 227.21	221 042 545.39
批发—食品收入	批发收入×各季度收入比例	303 331 231.00	252 776 025.83	212 331 861.70	242 664 984.80
批发—日用品收入	批发收入×各季度收入比例	48 695 511.10	40 579 592.58	34 086 857.77	38 956 408.88
批发收入合计	生鲜收入+食品收入+日用品收入	628 329 923.80	523 608 269.90	439 830 946.70	502 663 939.10
回款—批发(当季95%+上季5%)	当季批发收入合计×95%+上季批发收入合计×5%	617 763 927.64	528 844 352.56	444 019 812.84	499 522 289.44
期末应收账款(当季5%)	当季批发收入合计×5%	31 416 496.19	26 180 413.49	21 991 547.33	25 133 196.95

注:要重点理解预付卡充值对当期现金流入和销售收入的影响,然后确定现金收款的计算公式。

② 预收充值卡充值及消费比例。2021 年超市一到四季度预付卡充值金额分别为当季零售销售收入的 4.05%、4.1%、4.02%、4.08%。充值卡预计当季消费25%，其余部分下个季度全部消费。

（2）批发收入与现金回款

① 公司批发收入全部由仓储管理中心批发部实现。各季度收入比例分别为30%、25%、21%、24%。

② 各季度批发收入的 5%为应收账款，其余全部为现金收款。假设所有应收账款下个季度可全部收回，不考虑坏账损失。

③ 应收账款与合同负债。2020 年资产负债表中的预收账款（2021 年实施新收入准则后预收账款科目改为合同负债）均为销售预收充值卡收到的现金，应收账款均由批发业务产生。

【实践教学指导】

现金回款预算演算过程如表 1-13 所示。

【计算结果】

计算结果如表 1-14 所示。

表 1-14 现金回款预算表 单位：元

项目	第 1 季度	第 2 季度	第 3 季度	第 4 季度	合计
期初应收账款余额	20 850 500.00	31 416 496.19	26 180 413.49	21 991 547.33	20 850 500.00
期初预收账款余额	83 657 500.00	104 519 211.71	71 195 469.66	110 123 376.84	83 657 500.00
回款—批发	617 763 927.64	528 844 352.56	444 019 812.84	499 522 289.44	2 090 150 382.48
回款—零售	3 461 823 413.93	2 281 976 084.24	3 691 444 552.06	2 424 818 650.39	11 860 062 700.63
收款合计	4 079 587 341.57	2 810 820 436.80	4 135 464 364.90	2 924 340 939.84	13 950 213 083.10
期末合同负债余额（预收账款）	104 519 211.71	71 195 469.66	110 123 376.84	75 266 083.87	75 266 083.87
期末应收账款	31 416 496.19	26 180 413.49	21 991 547.33	25 133 196.95	25 133 196.95

【工作任务训练】 M 公司编制 2023 年的销售预算，销售的预计资料如表 1-15 所示。

表 1-15 销售预计资料

季度	一	二	三	四	全年
预计销售量/件	100	150	200	180	630
预计单位售价/元	200	200	200	200	200

预计企业每季度销售收入中，本季度收到现金 60%，另外的 40%现金要到下

季度才能收到，2022 年末的应收账款金额为 6 200 元。

要求：

（1）根据上述资料编制 M 公司 2023 年度销售预算（表 1-16）。

（2）计算企业 2023 年年末应收账款数额。

表 1-16 销售预算 单位：元

季度	一	二	三	四	全年
预计销售量/件					
预计单位售价					
销售收入					
预计现金收入	—	—	—	—	—
上年应收账款					
第一季度					
第二季度					
第三季度					
第四季度					
现金收入合计					

【参考答案】

（1）2023 年度销售预算如表 1-17 所示。

表 1-17 销售预算 单位：元

季　度	一	二	三	四	全年
预计销售量/件	100	150	200	180	630
预计单位售价	200	200	200	200	200
销售收入	20 000	30 000	40 000	36 000	126 000
预计现金收入	—	—	—	—	—
上年应收账款	6 200				6 200
第一季度	12 000	8 000			20 000
第二季度		18 000	12 000		30 000
第三季度			24 000	16 000	40 000
第四季度				21 600	21 600
现金收入合计	18 200	26 000	36 000	37 600	117 800

（2）年末应收账款＝36 000×40％＝14 400（元）

二、生产预算与采购预算

（一）生产预算

生产预算主要内容是销售量、期初和期末产成品存货量、生产量。

1. 制造类企业生产预算

【任务 1-4】 若每季末预计的产成品存货占下个季度销量的10%，2022 年末预计的产成品存货数为 0.2 万台。各季预计的期初存货为上季末期末存货。2023 年第四季度的期末存货为 0.2 万台。

要求：根据以上资料，编制戊公司生产预算表（表 1-18）。

表 1-18　生产预算表　　单位：万台

季度	一	二	三	四	全年
预计销售量	3	4	5	6	18
加：预计期末产成品存货					
合计					
减：预计期初产成品存货					
预计生产量					

【实践教学指导】

（1）生产预算关系式

① 预计期末存货数量＝下季度销量×a%（本例 a%＝10%）

② 预计期初存货数量＝上季度期末存货数量（如：第 2 季度期初存货数量＝第 1 季度期末存货数量）

③ 预计生产量＝预计销售量＋预计期末存货数量－预计期初存货数量

【注】 恒等关系式：期初＋本期增加（预计生产量）－本期减少（预计销售量）＝期末

（2）计算过程

计算过程如表 1-19 所示。

表 1-19　生产预算表计算过程

单位：万台

季度	一	二	三	四	全年
预计销售量	3	4	5	6	18
加：预计期末产成品存货	＝4×0.1	＝5×0.1	＝6×0.1	0.2(已知)	＝第 4 季度末存货数量 0.2
合计					＝18＋0.2
减：预计期初产成品存货	0.2(已知)	＝第 1 季度末存货数量 0.4	＝第 2 季度末存货数量 0.5	＝第 3 季度末存货数量 0.6	＝第 1 季度期初存货数量 0.2
预计生产量					＝18＋0.2－0.2

【计算结果】

计算结果如表 1-20 所示。

表 1-20 生产预算表计算结果 单位：万台

季度	一	二	三	四	全年
预计销售量	3	4	5	6	18
加：预计期末产成品存货	0.4	0.5	0.6	0.2	0.2
合计	3.4	4.5	5.6	6.2	18.2
减：预计期初产成品存货	0.2	0.4	0.5	0.6	0.2
预计生产量	3.2	4.1	5.1	5.6	18

2. 非制造类企业进销存预算

【任务 1-5】 根据业务资源和相关报表数据，以完整小数位引用计算，累计销售成本四舍五入保留 2 位小数进行后续计算。所有结果四舍五入保留 2 位小数填制。如表 1-21 所示。

表 1-21 2019 年商品进销存明细表

单位：吨、元

行次	项目	年初库存		累计进货		累计销售		年末库存	
		数量	成本	数量	成本	数量	成本	数量	成本
1	成品油								
2	一、汽油类								
3	89#								
4	95#								
5	98#								
6	二、柴油类								
7	0#								
8	−10#								
9	−20#								
10	−35#								
11	其他石化产品								
12	合计								

业务资源：

(1) 存货计价方式。存货销售出库成本采用全年一次加权平均方法计算。

(2) 累计销货成本结果四舍五入保留至 2 位小数进行后续计算。

(3) 其他已知条件如表 1-22 所示。

表 1-22　2019 年商品进销存预算资料　　单位：吨、元

项目	2018 年期末库存		2019 年进货量及销售量		采购价格
	数量	成本	进货量	销售量	
成品油	73 940.00	471 127 000.00	1 890 000.00	1 890 000.00	—
一、汽油类	33 520.00	219 844 000.00	491 400.00	491 400.00	—
89#	0.00	0.00	0	0	6 283.00
95#	25 200.00	154 030 000.00	394 741.62	394 741.62	6 660.00
98#	8 320.00	65 814 000.00	96 658.38	96 658.38	7 037.00
二、柴油类	40 420.00	251 283 000.00	1 398 600.00	1 398 600.00	—
0#	4 180.00	25 742 000.00	1 188 530.28	1 188 530.28	5 487.00
−10#	20 940.00	125 284 000.00	102 797.10	102 797.10	5 816.00
−20#	8 200.00	55 571 000.00	37 342.62	37 342.62	6 090.00
−35#	7 100.00	44 686 000.00	69 930.00	69 930.00	6 310.00
其他石化产品	40.00	24 685 000.00	49 000.00	49 000.00	12 000.00
合计	73 980.00	495 812 000.00	1 939 000.00	1 939 000.00	—

【实践教学指导】

（1）月末一次加权平均法计算公式

① 存货单位成本＝［月初库存存货的实际成本＋Σ（当月各批进货的实际单位成本×当月各批进货的数量）］/（月初库存存货数量＋当月各批进货数量之和）

② 当月发出存货成本＝当月发出存货的数量×存货单位成本

③ 当月月末库存存货成本＝月末库存存货的数量×存货单位成本

（2）恒等关系式

期初＋本期增加－本期减少＝期末，即本例中，年初库存＋累计进货－累计销售＝年末库存。

（3）Excel 中 Round（）函数的使用

累计销售成本四舍五入保留 2 位小数进行后续计算，因此累计销货成本要加 Round（数值，2）。Round（）是指返回某个按指定位数取整后的数字的函数公式，如图 1-7 所示。

语法：ROUND（number，num _ digits），Number 指需要进行四舍五入的数字。Num _ digits 指指定的位数，按此位数进行四舍五入。

说明：如果 num _ digits 大于 0，则四舍五入到指定的小数位；如果 num _ digits 等于 0，则四舍五入到最接近的整数；如果 num _ digits 小于 0，则在小数点左侧进行四舍五入。

【计算结果】

计算结果如表 1-23 所示。

表 1-23 2019 年商品进销存明细表

单位：吨、元

行次	项目	年初库存		累计进货		累计销售		年末库存	
		数量	成本	数量	成本	数量	成本	数量	成本
1	成品油	73 940.00	471 127 000.00	18 900 00.00	11 097 172 645.02	1 890 000.00	11 101 105 211.80	73 940.00	467 194 433.22
2	一、汽油类	33 520.00	219 844 000.00	491 400.00	3 309 164 209.26	491 400.00	3 302 880 729.13	33 520.00	226 127 480.13
3	89#	0.00	0.00	0.00	0.00	0.00	0.00	0.00	0.00
4	95#	25 200.00	154 030 000.00	394 741.62	2 628 979 189.20	394 741.62	2 616 005 424.32	25 200.00	167 003 764.88
5	98#	8 320.00	65 814 000.00	96 658.38	680 185 020.06	96 658.38	686 875 304.81	8 320.00	59 123 715.25
6	二、柴油类	40 420.00	251 283 000.00	1 398 600.00	7 788 008 435.76	1 398 600.00	7 798 224 482.67	40 420.00	241 066 953.09
7	0#	4 180.00	25 742 000.00	1 188 530.28	6 521 465 646.36	1 188 530.28	6 524 262 151.20	4 180.00	22 945 495.16
8	-10#	20 940.00	125 284 000.00	102 797.10	597 867 933.60	102 797.10	600 773 103.89	20 940.00	122 378 829.71
9	-20#	8 200.00	55 571 000.00	37 342.62	227 416 555.80	37 342.62	232 035 327.81	8 200.00	50 952 227.99
10	-35#	7 100.00	44 686 000.00	69 930.00	441 258 300.00	69 930.00	441 153 899.77	7 100.00	44 790 400.23
11	其他石化产品	40.00	24 685 000.00	49 000.00	588 000 000.00	49 000.00	612 185 256.93	40.00	499 743.07
12	合计	73 980.00	495 812 000.00	1 939 000.00	11 685 172 645.02	1 939 000.00	11 713 290 468.73	73 980.00	467 694 176.29

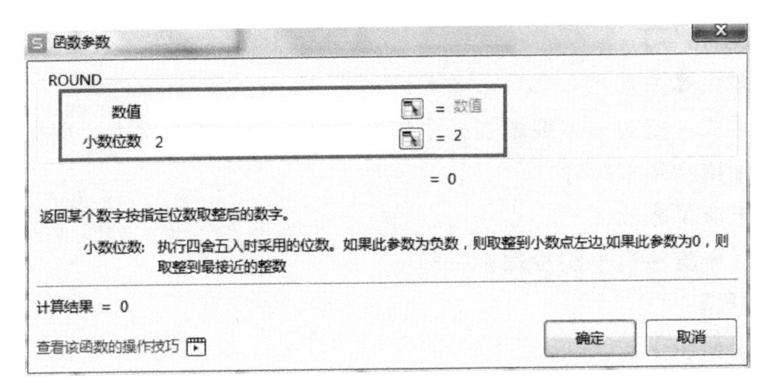

图 1-7 Round 函数的使用

(二) 采购预算

【任务 1-6】 A 公司只产销一种甲产品，甲产品只消耗乙材料。2021 年第 4 季度按定期预算法编制 2022 年的企业预算，部分预算资料如下：

乙材料 2022 年年初的预计结存量为 2 000 千克。每季度乙材料的购货款于当季支付 40%，剩余 60% 于下一个季度支付；2022 年年初的预计应付账款余额为 80 000 元。如表 1-24 所示。

要求：编制 A 公司 2022 年度乙材料的采购预算。

表 1-24 采购预算

项目	一季度	二季度	三季度	四季度	全年
预计甲产品生产量/件	3 200	3 200	3 600	4 000	14 000
材料定额单耗/(千克/件)	5	5	5	5	5
预计生产需要量/千克	16 000	16 000	18 000	20 000	70 000
加:期末结存量/千克	1 000	1 200	1 200	1 300	1 300
预计需要量合计/千克	17 000	17 200	19 200	21 300	74 700
减:期初结存量/千克					
预计材料采购量/千克					
材料计划单价/(元/千克)	10	10	10	10	10
预计采购金额/元					
预计现金支出/元	一季度	二季度	三季度	四季度	全年
期初应付账款/元					
第一季度/元					
第二季度/元					
第三季度/元					
第四季度/元					
付款合计/元					
期末应付账款/元					

 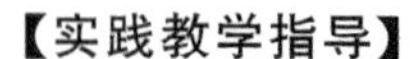

【实践教学指导】

（1）采购预算关系式

恒等关系式：期初＋本期增加－本期减少＝期末，即本例中，期初库存＋本期采购－生产领用＝年末库存。

（2）期末应付账款

期末应付账款＝当季购货款×60％

【计算结果】

计算结果如表1-25所示。

表1-25 采购预算

项目	一季度	二季度	三季度	四季度	全年
预计甲产品生产量/件	3 200	3 200	3 600	4 000	14 000
材料定额单耗/(千克/件)	5	5	5	5	5
预计生产需要量/千克	16 000	16 000	18 000	20 000	70 000
加:期末结存量/千克	1 000	1 200	1 200	1 300	1 300
预计需要量合计/千克	17 000	17 200	19 200	21 300	74 700
减:期初结存量/千克	2 000	1 000	1 200	1 200	2 000
预计材料采购量/千克	15 000	16 200	18 000	20 100	69 300
材料计划单价/(元/千克)	10	10	10	10	10
预计采购金额/元	150 000	162 000	180 000	201 000	693 000
预计现金支出/元	一季度	二季度	三季度	四季度	全年
期初应付账款/元	80 000	90 000	97 200	108 000	80 000
第一季度/元	60 000	90 000			150 000
第二季度/元		64 800	97 200		162 000
第三季度/元			72 000	108 000	180 000
第四季度/元				80 400	80 400
付款合计/元	140 000	154 800	169 200	188 400	572 400
期末应付账款/元	90 000	97 200	108 000	120 600	120 600

三、直接人工预算

【任务1-7】 根据业务资源，完成人工成本预算明细表。以完整小数位数引用计算，新员工以整数填制答案，其余计算结果以四舍五入保留两位小数填制答案。如表1-26所示。

表 1-26　2021 年人工成本预算明细表　　单位：元

部门	老员工/人	新员工/人	人均年固定工资	工资		单位承担社保、公积金及附加	合计
				固定工资	绩效工资	工资总额×40%	
综合管理中心	120		70 000				
采购管理中心	32		42 000				
销售运营中心	12 315		35 000				
物流配送中心	310		43 000				
仓储管理中心	2 000		41 000				
人力行政中心	23		40 000				
财务管控中心	200		40 000				
合计	15 000		—				

业务资源：

（1）新增超市人员编制。如表 1-27 所示。

表 1-27　每家新增超市拟招聘岗位及编制

归属部门	岗位	拟招聘人数/人
综合管理中心	店长	1
仓储管理中心	保管员	15
销售运营中心	业务员	30
销售运营中心	理货员	80
销售运营中心	收银员	20

注：新增超市的新员工从各超市正式营运开始上班，前期均从其他超市借调人员。新设立的 12 家超市开始运营时间分别为：7 月 1 日 3 家，9 月 1 日 6 家，10 月 1 日 2 家，剩余 1 家超市的经营手续及装修将在 2021 年 12 月 31 日完成，并于 2022 年 1 月 1 日开始运营。

（2）计提绩效薪酬。如表 1-28 所示。

表 1-28　绩效薪酬计提说明

部门	计提说明
综合管理中心	按固定工资的 10%计算
采购管理中心	按固定工资的 10%计算
销售运营中心	按固定工资的 20%计算
物流配送中心	按固定工资的 15%计算
仓储管理中心	按固定工资的 17%计算
人力行政中心	按固定工资的 10%计算
财务管控中心	按固定工资的 10%计算

注：单位承担的社保、公积金、工会经费和职工教育经费整体按工资总额的 40%进行预算。

表 1-29 2021 年人工成本预算明细表

单位：元

部门	老员工/人	新员工/人	2021 年新员工计薪人数	人均年固定工资	工资		单位承担社保、公积金及附加	合计
					固定工资	绩效工资	工资总额×40%	
综合管理中心	120	11	1×4	70 000.00	8 680 000.00	868 000.00	3 819 200.00	13 367 200.00
采购管理中心	32	0	0	42 000.00	1 344 000.00	134 400.00	591 360.00	2 069 760.00
销售运营中心	12 315	1 430	(30+80+20)×4	35 000.00	449 225 000.00	89 845 000.00	215 628 000.00	754 698 000.00
物流配送中心	310	0	0	43 000.00	13 330 000.00	1 999 500.00	6 131 800.00	21 461 300.00
仓储管理中心	2 000	165	15×4	41 000.00	84 460 000.00	14 358 200.00	39 527 280.00	138 345 480.00
人力行政中心	23	0	0	40 000.00	920 000.00	92 000.00	404 800.00	1 416 800.00
财务管控中心	200	0	0	40 000.00	8 000 000.00	800 000.00	3 520 000.00	12 320 000.00
合计	15 000	1 606	584	—	565 959 000.00	108 097 100.00	269 622 440.00	943 678 540.00

【实践教学指导】

（1）计算 2021 年新增超市全年营运的数量

因新设立的 12 家超市开始运营时间分别为：7 月 1 日 3 家，9 月 1 日 6 家，10 月 1 日 2 家，剩余 1 家超市的经营手续及装修将在 2021 年 12 月 31 日完成，并于 2022 年 1 月 1 日开始运营。

所以，计算 2021 年新增超市全年营运的数量＝3×6/12＋6×4/12＋2×3/12＝4 家。

（2）计算 2021 年新员工计薪人数

综合管理中心＝1×4＝4 人，销售运营中心＝（30＋80＋20）×4＝520 人，仓储管理中心＝15×4＝60 人。

【计算结果】

计算结果如表 1-29 所示。

四、成本费用预算

成本费用预算包括销售费用预算和管理费用预算。

【任务 1-8】 根据业务资源，完成成本费用预算明细表。以完整小数位数引用计算，计算结果以四舍五入保留两位小数填制答案。如表 1-30 所示。

表 1-30　2021 年人工成本预算明细表　　单位：元

项目	费用总额	销售费用				管理费用				
		小计	仓储管理中心	销售营运中心	物流配送中心	小计	采购管理中心	综合管理中心	人力行政中心	财务管理中心
人工费										
物业费										
水电及燃料费										
合计										

【实践教学指导】

业务资源：

（1）人工费

2021 年人工费按照【任务 3-1】计算结果填制。各部门人工费预算如表 1-31 所示。

表 1-31 2021 年人工成本预算明细表 单位：元

部门	合计
综合管理中心	13 367 200.00
采购管理中心	2 069 760.00
销售运营中心	754 698 000.00
物流配送中心	21 461 300.00
仓储管理中心	138 345 480.00
人力行政中心	1 416 800.00
财务管控中心	12 320 000.00
合计	678 540.00

（2）物业费

公司 2021 年预计物业费发生额如表 1-32 所示。

表 1-32 公司 2020—2021 年物业费发生额 单位：元

费用项目	仓储管理中心	销售营运中心	物流配送中心	采购管理中心	综合管理中心	人力行政中心	财务管理中心
2020 年物业费	1 350 000	4 500 000	1 350 000	360 000	540 000	360 000	540 000
2021 年物业费	1 436 400	4 788 000	1 436 400	383 040	574 560	383 040	574 560

（3）水电及燃料费

① 原有公司的水电及燃料费以 2020 年实际发生额为准。

② 新增 12 家超市的水电及燃料费如表 1-33 所示。

表 1-33 2020—2021 年公司水电及燃料费 单位：元

项目	仓储管理中心	销售运营中心	物流配送中心	采购管理中心	综合管理中心	人力行政中心	财务管控中心
2020 年水电及燃料费实际发生额——原有超市	6 519 278.7	91 269 901.8	13 038 557.4	3 911 567.22	5 867 350.83	3 911 567.22	5 867 350.83
水电及燃料费——新增 12 家超市	414 400	3 688 160			41 440		
合计	6 933 678.7	94 958 061.8	13 038 557.4	3 911 567.22	5 908 790.83	3 911 567.22	5 867 350.83

【计算结果】

计算结果如表 1-34 所示。

表 1-34　2021 年人工成本预算明细表　　单位：元

项目	费用总额	销售费用			
		小计	仓储管理中心	销售营运中心	物流配送中心
人工费	943 678 540.00	914 504 780.00	138 345 480.00	754 698 000.00	21 461 300.00
物业费	9 576 000.00	7 660 800.00	1 436 400.00	4 788 000.00	1 436 400.00
水电及燃料费	134 529 574.00	114 930 297.90	6 933 678.70	94 958 061.80	13 038 557.40
合计	1 087 784 114.00	1 037 095 877.90	146 715 558.70	854 444 061.80	35 936 257.40

项目	费用总额	管理费用				
		小计	采购管理中心	综合管理中心	人力行政中心	财务管理中心
人工费	943 678 540.00	29 173 760.00	2 069 760.00	13 367 200.00	1 416 800.00	12 320 000.00
物业费	9 576 000.00	1 915 200.00	383 040.00	574 560.00	383 040.00	574 560.00
水电及燃料费	134 529 574.00	19 599 276.10	3 911 567.22	5 908 790.83	3 911 567.22	5 867 350.83
合计	1 087 784 114.00	50 688 236.10	6 364 367.22	19 850 550.83	5 711 407.22	18 761 910.83

第二节　经营分析

一、存货管理

（一）存货的成本

存货的成本由取得成本、储存成本和缺货成本构成。

1. 取得成本

取得成本是指为取得某种存货而支出的成本，它又分为订货成本和购置成本。计算公式为：取得成本＝订货成本＋购置成本＝订货固定成本＋订货变动成本＋购置成本

（1）订货成本的计算公式为：订货成本＝订货固定成本（F_1）＋订货变动成本

其中，订货变动成本＝每次订货变动成本（K）×存货年需要量（D）/每次进货量（Q）

（2）购置成本计算公式为：购置成本＝存货年需要量（D）×单价（U）

2. 储存成本

计算公式为：储存成本＝固定储存成本＋变动储存成本＝$F_2+\frac{Q}{2}K_C$（K_C 表示单位变动储存成本）

3. 缺货成本

缺货成本是指由于存货供应中断造成的损失，包括停工损失、拖欠发货损失、丧失销售机会的损失、商誉损失以及紧急额外购入成本等。

（二）存货经济订货模型

存货经济订货批量是指使变动储存成本与变动订货成本之和达到最小值，或是使二者相等的订货批量。存货经济订货批量计算公式如下：

（1）经济订货批量＝$\sqrt{\frac{2\times 每次订货费用\times 年需要量}{每期单位变动储存成本}}=\sqrt{\frac{2KD}{K_C}}$

（2）最佳订货次数＝年需要量÷经济订货批量＝D/Q

（3）最佳订货周期（年）＝1 年/每年最佳订货次数

（4）与订货批量有关的最小存货总成本（变动储存成本与变动订货成本之和的最小值）＝$\sqrt{2\times 年需要量\times 每次订货费用\times 每期单位变动储存成本}=\sqrt{2KDK_C}$

【任务 1-9】 经济订货批量

根据业务资源，完成生鲜类产品经济订货批量计算，填写表 1-35。订货次数向上取整后填制答案。

表 1-35 生鲜类经济订货批量

项目	单位	海鲜类	水果类	蔬菜类
每日订货量	千克/日			
年订货量	千克	**	**	**
一次订货变动成本	元/次	**	**	**
单位存储变动成本	元/千克	**	**	**
经济订货批量	千克			
订货次数	次			
年订货成本	元			
年储存成本	元			
年总成本	元			

【实践教学指导】

业务资源：

（1）线上订单量预测

通过2019年和2020年线上订货试运营，互联网线上生鲜销售平台企业协助采购管理中心预测每日线上订单量为500单（假设每单订购的商品均含海鲜、水果、蔬菜三类），一年按照360天计算。

（2）各品类商品每日销售量预测（表1-36～表1-38）

表1-36 海鲜类商品销售情况明细表

类别	每单销售概率	每单销售量/千克	采购单价/(元/千克)
草鱼	40%	1.5	15
鲢鱼	20%	1	10
鲫鱼	10%	1	11
鲈鱼	10%	1	20
虾	10%	0.5	40
螃蟹	5%	0.5	130
其他类	5%	0.5	25

表1-37 水果类商品销售情况明细表

类别	每单销售概率	每单销售量/千克	采购单价/(元/千克)
香蕉	16.67%	1	5
芒果	8.33%	1	10
火龙果	8.33%	0.8	10
哈密瓜	6.67%	2	10
西瓜	18.33%	2	7
砂糖橘	16.67%	1.5	6
小西红柿	12.50%	1	8
其他类	12.50%	1	8

表1-38 蔬菜类商品销售情况明细表

类别	每单销售概率	每单销售量/千克	采购单价/(元/千克)
叶子青菜类	40%	2	8
花菜类	16%	2	10
黄瓜果类蔬菜	16%	2	15
土豆淀粉类	16%	2	7
其他类	12%	1	8

注:假设产销平衡。

（3）各品类商品订货、存储等成本费用

订货费用：海鲜类为 1 000 元/次，水果和蔬菜是 800 元/次。

存储费用情况如表 1-39 所示。

表 1-39 商品单位存储费用情况明细表

品类	固定存储		变动存储成本/(元/千克)	存储损失率/(元/千克)
	单位成本/(元/m^2)	占用面积/m^2		
海鲜	200.00	50.00	3.00	3.00
水果	150.00	300.00	0.50	2.00
蔬菜	150.00	200.00	1.00	0.50

【分析】 以海鲜类商品为例

（1）计算每日订货量

① 草鱼每单订货数量＝草鱼每单销售概率×草鱼每单销售量＝0.6 千克，通过已知条件，预测每日线上订单量为 500 单，则草鱼每日订货数量＝草鱼每单订货数量×每日线上订单量＝0.6×500＝300 千克，草鱼每日购置成本＝草鱼每日订货数量×草鱼采购单价＝300×15＝4 500 元。

② 海鲜类其他商品每日订货数量及购置成本计算过程参照草鱼，结果如表 1-40 所示。

③ 可在 Excel 中设置公式完成计算，以提高工作效率及准确率。

表 1-40 海鲜类商品相关项目计算表

类别	每单销售概率 ①	每单销售量/千克 ②	采购单价/(元/千克) ③	每单订货数量/千克 ④＝①×②	每日订货数量/千克 ⑤＝②×500	每日购置成本/元 ⑥＝⑤×③
草鱼	40%	1.5	15	0.6	300	4 500
鲢鱼	20%	1	10	0.2	100	1 000
鲫鱼	10%	1	11	0.1	50	550
鲈鱼	10%	1	20	0.1	50	1 000
虾	10%	0.5	40	0.05	25	1 000
螃蟹	5%	0.5	130	0.025	12.5	1 625
其他类	5%	0.5	25	0.025	12.5	312.5
小计	—	—	—	1.1	550	9 987.5

（2）海鲜类商品年订货量＝550×360＝198 000（千克）。

（3）根据业务资源已知条件，海鲜类商品 1 次订货变动成本为 1 000 元，单位储存变动成本＝ 3＋3＝6（元）。

（4）经济订货批量＝$\sqrt{(2\times1\ 000\times198\ 000)/6}$＝8 124.04（千克）。

（5）订货次数＝198 000÷8 124.04＝24.37（次），根据题目要求，订货次数向上取整后填制答案，因此订货次数应为25次，也可在Excel中通过设置ROUNDUP函数完成计算，如图1-8所示。

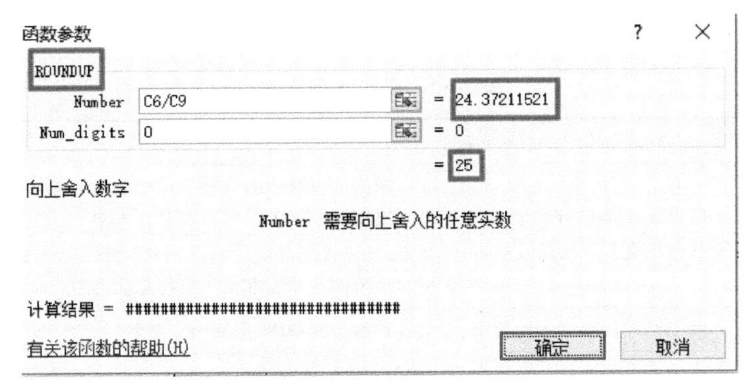

图1-8　订货次数向上取整

（6）年订货成本＝一次订货变动成本×订货次数＝1 000×25＝25 000（元）。

（7）年储存成本＝固定储存成本＋变动储存成本＝$200\times50+6\times\dfrac{8\ 124.04}{2}$

$=34\ 372.12$（元）。

（8）年购置成本＝每日购置成本×360＝9 987.5×360＝3 595 500（元）。

（9）年总成本＝年购置成本＋年订货成本＋年储存成本

＝3 595 500＋25 000＋34 372.12＝3 654 872.12（元）

【计算结果】

计算结果如表1-41所示

表1-41　生鲜类经济订货批量

项目	单位	海鲜类	水果类	蔬菜类
每日订货量	千克/日	550.00	658.35	940.00
年订货量	千克	198 000.00	237 004.20	338 400.00
一次订货变动成本	元/次	1 000	800	800
单位存储变动成本	元/千克	6	2.5	1.5
经济订货批量	千克	8 124.04	12 315.95	18 998.95
订货次数	次	25	20	18
年订货成本	元	25 000.00	16 000.00	14 400.00
年储存成本	元	34 372.12	60 394.94	44 249.21
年总成本	元	3 654 872.12	1 828 406.94	3 226 649.21

二、应收账款管理

（一）应收账款成本

应收账款成本如表 1-42 所示。

表 1-42 应收账款成本

成本类型	含义	计算公式
机会成本	因投放于应收账款而放弃其他投资所带来的收益	应收账款占用资金的应计利息（即机会成本）＝日销售额×平均收现期×变动成本率×资本成本率 其中，日销售额×平均收现期＝应收账款平均余额；应收账款平均余额×变动成本率＝应收账款占用资金。
管理成本	调查顾客信用状况的费用、收集各种信息的费用、账簿的记录费用、收账费用等。	
坏账成本	债务人由于种种原因无力偿还债务而发生的损失。	

（二）折扣成本

折扣成本＝销售额×现金折扣率×享受现金折扣的顾客比例

【任务 1-10】

根据业务资源，对应收账款信用政策进行决策。是否变更收款政策以“是”或“否”填制答案。如表 1-43 所示。

表 1-43 收款决策分析 单位：元

项目	提供现金折扣前	提供现金折扣后	现金折扣后与折扣前差异
边际贡献			
现金折扣成本			
平均收账期/天			——
应计利息			
收账费用			
税前损益			
是否变更收款政策（是/否）			

【实践教学指导】

业务资源：

（1）面包房 2020 年生产及销售情况

2020 年实际生产面包 205 200 个，其中：吐司面包产量 93 600 个，牛角面包产量 111 600 个。面包房销售分为零售和直销，直销采用信用销售政策，面包房产销平衡。由于直销采用信用销售，因此直销与零售单价相同，吐司面包 8 元/个，牛角面包 6 元/个。各项材料及人工实际消耗如表 1-44 所示。

表 1-44　20 号超市面包房实际消耗量资料

项目	实际用量/千克		价格单价/(元/千克)
	吐司面包	牛角面包	
直接材料	—	—	—
其中:面粉	28 520.00	14 480.00	2.50
酵母	280.00	300.00	30.00
砂糖	1 710.00	1 220.00	6.50
黄油	1 600.00	8 380.00	12.50
鸡蛋	4 470.00	5 550.00	0.45
牛奶	7 820.00	4 230.00	7.00
直接人工	75 分钟/屉	85 分钟/屉	18.00 元/小时
变动制造费用	20 分钟/屉	28 分钟/屉	14.00 元/小时
固定制造费用	20 分钟/屉	28 分钟/屉	8.00 元/小时

注:蒸屉标准:吐司面包 30 个/屉;牛角面包 50 个/屉。

(2) 应收账款信用政策

面包房原有信用政策为 15 天付款期，无现金折扣，假设 15 天内均匀回款。为扩大销售额，超市拟对目前的信用政策进行调整，提供一定的现金折扣，调整后的信用政策为 0.8/15，n/30。

(3) 对销售量的影响

实行新的信用政策后，销售量预计提高 10%。超市与周边企业签订了供货协议，为其提供餐饮甜点。合同约定销售价格与原有销售价格相同。信用政策调整前全年预计直销吐司面包为 43 200 个、牛角面包为 57 600 个。

(4) 客户付款情况预测

预计 50%的客户（按销量计算）会享受现金折扣，35%的客户会在 30 天内付款，15%的客户会在付款期满 10 天后付款。收回逾期款项的收账费用为逾期金额的 2.5%。

(5) 其他

市场组合的必要报酬率为 10%。一年按 360 天计算，每月按 30 天计算。

【分析】

(1) 提供现金折扣前：以吐司面包为例

① 吐司面包直接材料＝面粉用量＋酵母用量＋砂糖用量＋黄油用量＋鸡蛋用量＋牛奶用量＝28 520×2.5＋280×30＋1 710×6.5＋1 600×12.5＋4 470×0.45＋7 820×7＝167 566.50（元）；同理，可计算出牛角面包直接材料＝189 987.50（元）；吐司面包直接人工＝93 600÷30×75÷60×18＝70 200（元）；同理可计算出牛角面包直接人工＝56 916（元）；吐司面包变动制造费用＝93 600÷30×20÷60×14＝14 560（元）；同理可计算出牛角面包变动制造费用＝14 582.4（元）。

② 吐司面包单位变动成本＝(167 566.50＋70 200＋14 560)÷93 600＝2.695 8（元/个）；同理可计算出牛角面包单位变动成本＝2.343 1（元/个）；变动成本率＝变动成本/销售收入＝251 418.85/691 200＝36.37%。根据上述计算过程可按表1-45计算提供现金折扣前边际贡献为439 781.15（元）。

（2）提供现金折扣后：以吐司面包为例，吐司面包销售额＝43 200×(1＋10%)×8＝380 160（元），牛角面包销售额＝57 600×(1＋10%)×6＝380 160（元）。

表1-45 收款决策各项目计算过程 单位：元

项目	提供现金折扣前	提供现金折扣后
边际贡献	销售收入－变动成本＝(43 200×8＋57 600×6)－(43 200×2.695 8＋57 600×2.343 1)＝691 200－251 418.85＝439 781.15	[(43 200×8＋57 600×6)－(43 200×2.695 8＋57 600×2.343 1]×(1＋10%)＝483 759.27
现金折扣成本	0	(380 160＋380 160)×50%×0.8%＝3 041.28
平均收账期/天	7.5	折扣期×享受现金折扣客户比率＋信用期×放弃现金折扣但未逾期客户比率＋逾期付款期×逾期客户比率＝15×50%＋30×35%＋40×15%＝24
应计利息	日赊销额×平均收现期×变动成本率×资本成本率＝691 200÷360×7.5×36.37%×10%＝523.79	(380 160＋380 160)÷360×24×36.37%×10%＝1 843.73
收账费用	0	(380 160＋380 160)×15%×2.5%＝2 851.2
税前损益	边际贡献－现金折扣成本－应收账款占用资金应计利息－收账费用＝439 781.15－0－523.79－0＝439 257.36	483 759.27－3 041.28－1 843.73－2 851.2＝476 023.05

（3）差异计算，以边际贡献为例：边际贡献现金折扣后与折扣前差异＝提供现金折扣后－提供现金折扣前＝483 759.27－439 781.15＝43 978.12（元）。

【计算结果】

计算结果如表1-46所示。

表1-46 收款决策分析 单位：元

项目	提供现金折扣前	提供现金折扣后	现金折扣后与折扣前差异
边际贡献	439 781.15	483 759.27	43 978.12
现金折扣成本	0	3 041.28	3 041.28
平均收账期/天	7.5	24	——
应计利息	523.79	1 843.73	1 319.95
收账费用	0	2 851.2	2 851.20
税前损益	439 257.36	476 023.05	36 765.69
是否变更收款政策(是/否)	是		

三、量本利分析

（一）成本性态分析

成本性态又称成本习性，是指成本的变动与业务量之间的依存关系。按成本性态的不同，通常把成本分为固定成本、变动成本和混合成本。

（二）量本利分析的基本原理

1. 量本利基本关系式

息税前利润＝销售收入－总成本＝销售收入－(变动成本＋固定成本）＝销售量×单价－销售量×单位变动成本－固定成本＝销售量×（单价－单位变动成本)－固定成本＝P×Q－V×Q－F＝（P－V）×Q－F

2. 边际贡献

边际贡献相关知识点如表 1-47 所示。

表 1-47　边际贡献相关知识点

两个基本概念	边际贡献	边际贡献＝销售收入－变动成本＝(单价－单位变动成本)×销售量＝单位边际贡献×销售量＝销售收入×边际贡献率
	单位边际贡献	单位边际贡献＝单价－单位变动成本＝单价×边际贡献率
两个率	边际贡献率	边际贡献率＝边际贡献总额/销售收入＝单位边际贡献/单价
	变动成本率	变动成本率＝变动成本总额/销售收入＝单位变动成本/单价
	关系公式：变动成本率＋边际贡献率＝1	
基本关系式拓展	利润＝边际贡献－固定成本＝销售收入×边际贡献率－固定成本＝销售量×单位边际贡献－固定成本	

（三）保本分析

1. 保本点含义

保本销售量＝固定成本/(单价－单位变动成本）＝固定成本/单位边际贡献

保本销售额＝保本销售量×单价＝固定成本/边际贡献率

2. 盈亏临界点作业率

盈亏临界点作业率是盈亏临界点销售量（额）占正常销售量（额）的比重。该比率表明企业在保本状态下生产经营能力的利用程度。其计算公式为：

盈亏临界点作业率＝盈亏临界点销售量（额）/正常销售量（额）

3. 安全边际和安全边际率

安全边际额（量）＝实际或预计销售额（量)－盈亏临界点销售额（量）

安全边际率＝安全边际额（量）/实际或预计销售额（量）

安全边际率＋盈亏临界点作业率＝1

4. 保本作业率与安全边际率的关系

保本点销量＋安全边际销量＝正常销量，等式两边同时除以正常销量，得到：保本点作业率＋安全边际率＝1

(四) 保利分析

保利量＝（固定成本＋目标利润）/(单价－单位变动成本)

保利额＝保利量×单价＝（固定成本＋目标利润）/边际贡献率

(五) 敏感性分析

利润敏感分析是指研究量本利分析的假设前提中诸因素发生微小变化时，对利润的影响方向和程度。其计算公式为：

敏感系数＝利润变动百分比÷因素变动百分比

【任务 1-11】 成本性态分析

根据业务资源，完成105号加油站成本性态分析表（表1-48）。成本性态项目填制固定、变动或混合。

表1-48 105号加油站成本性态分析表

项目	说明	成本性态(固定/变动/混合)	固定成本/(元/年)	单位变动成本/(元/吨)
1. 销货运费	汽车油罐方式运输,吨油运费为40元			
2. 职工薪酬	年固定人工成本68万,销售提成为每吨油计提12元			
3. 水电费	水电费标准为每月5 000元			
4. 修理费	修理费标准为每月2 500元			
5. 通信费	通信费标准为每月1 000元			
6. 劳动保护费	劳动保护费标准为每月1 500元			
7. 业务宣传费	每吨油对应宣传费为3元			
8. 办公费	办公费标准为每月2 000元			
9. 低值易耗品摊销	每吨油对应低值易耗品费用为1元			
10. 警卫消防费	消防警卫费每年10 000元			
11. 加油站租金	租金保持不变			
12. 折旧和资产摊销	折旧摊销保持不变			
合计		—		

【实践教学指导】

业务资源：

(1) 基本情况（表1-49）

表 1-49　105 号加油站基本情况

项目	单位	内容
占地面积	平方米	3 000
站房	平方米	160
罩棚	平方米	700
车道数	条	3
加油机	台	6
加油枪	条	12
油罐数量	个	6
总罐容	立方米	180

（2）加油站建设投资清单（表 1-50）

表 1-50　加油站建设投资清单

设备名称	更新年限	数量	单价/元	金额/元	每年折旧摊销金额/元
加油机	5	6	25 000	150 000	28 800
液位仪	5	1	80 000	80 000	15 360
油气回收设备	5	3	40 000	120 000	23 040
空调	5	4	5 000	20 000	3 840
计算机	5	2	5 000	10 000	1 920
打印机	5	2	5 000	10 000	1 920
网络设备(交换机、集线器、防火墙、UPS 等)	5	1	10 000	10 000	1 920
取暖锅炉	10	1	80 000	80 000	7 680
地源热泵	10	1	80 000	80 000	7 680
发电机	10	2	25 000	50 000	4 800
泵	10	2	40 000	80 000	7 680
地面及地上建筑装修（长期待摊费用）	10	1	500 000	500 000	50 000
工艺管线(输油，输气)	10	2	100 000	200 000	19 200
上、下水系统	10	2	40 000	80 000	7 680
配电柜	10	1	50 000	50 000	4 800
保险柜	10	2	10 000	20 000	1 920
站房	10	1	500 000	500 000	48 000
罩棚	10	1	500 000	500 000	48 000
独立标识、品牌柱	10	2	100 000	200 000	19 200
油罐、气罐	10	4	60 000	240 000	23 040
变压器	10	1	20 000	20 000	1 920
合计		42		3 000 000	328 400

注：地面及地上建筑装修计入长期待摊费用，其余计入固定资产，固定资产残值率统一为 4%，直线法折旧。

（3）加油站经营情况统计（表1-51）

表1-51 2016—2018年105号加油站经营情况统计表

项目	说明	2016年	2017年	2018年
一、销售量/吨		4 000.00	4 640.00	5 000.00
1.汽油		1 200.00	1 410.00	1 500.00
2.柴油		2 800.00	3 230.00	3 500.00
二、吨油毛利/(元/吨)		560.00	560.78	560.00
1.汽油		700.00	700.00	700.00
2.柴油		500.00	500.00	500.00
三、销售毛利/元		2 240 000.00	2 602 000.00	2 800 000.00
1.汽油		840 000.00	987 000.00	1 050 000.00
2.柴油		1 400 000.00	1 615 000.00	1 750 000.00
四、加油站费用/元		1 686 400.00	1 722 240.00	1 742 400.00
1.销货运费	汽车油罐方式运输，吨油运费为40元	160 000.00	1 856 00.00	200 000.00
2.职工薪酬	年固定人工成本68万，销售提成为每吨油计提12元	728 000.00	735 680.00	740 000.00
3.水电费	水电费标准为每月5 000元	60 000.00	60 000.00	60 000.00
4.修理费	修理费标准为每月2 500元	30 000.00	30 000.00	30 000.00
5.通信费	通信费标准为每月1 000元	12 000.00	12 000.00	12 000.00
6.劳动保护费	劳动保护费标准为每月1 500元	18 000.00	18 000.00	18 000.00
7.业务宣传费	每吨油对应宣传费为3元	12 000.00	13 920.00	15 000.00
8.办公费	办公费标准为每月2 000元	24 000.00	24 000.00	24 000.00
9.低值易耗品摊销	每吨油对应低值易耗品费用为1元	4 000.00	4 640.00	5 000.00
10.警卫消防费	警卫消防费每年10 000元	10 000.00	10 000.00	10 000.00
11.加油站租金	租金保持不变	300 000.00	300 000.00	300 000.00
12.折旧和资产摊销	折旧摊销保持不变	328 400.00	328 400.00	328 400.00
五、营业利润(元)		553 600.00	879 760.00	1 057 600.00

【分析】

（1）根据概念及已知条件，销货运费、业务宣传费、低值易耗品摊销为变动成本，职工薪酬为混合成本，剩余项目为固定成本。

（2）计算固定成本，以水电费为例，已知水电费标准为每月5 000元，因此全年水电费=5 000×12=60 000元，其他固定成本计算参照水电费。

（3）单位变动成本按已知条件填写即可。

【计算结果】

计算结果如表 1-52 所示。

表 1-52　105 号加油站成本性态分析表

项目	说明	成本性态(固定/变动/混合)	固定成本/(元/年)	单位变动成本/(元/吨)
1. 销货运费	汽车油罐方式运输，吨油运费为 40 元	变动	0.00	40.00
2. 职工薪酬	年固定人工成本 68 万，销售提成为每吨油计提 12 元	混合	680 000.00	12.00
3. 水电费	水电费标准为每月 5 000 元	固定	60 000.00	0.00
4. 修理费	修理费标准为每月 2 500 元	固定	30 000.00	0.00
5. 通信费	通信费标准为每月 1 000 元	固定	12 000.00	0.00
6. 劳动保护费	劳动保护费标准为每月 1 500 元	固定	18 000.00	0.00
7. 业务宣传费	每吨油对应宣传费为 3 元	变动	0.00	3.00
8. 办公费	办公费标准为每月 2 000 元	固定	24 000.00	0.00
9. 低值易耗品摊销	每吨油对应低值易耗品费用为 1 元	变动	0.00	1.00
10. 警卫消防费	消防警卫费每年 10 000 元	固定	10 000.00	0.00
11. 加油站租金	租金保持不变	固定	300 000.00	0.00
12. 折旧和资产摊销	折旧摊销保持不变	固定	328 400.00	0.00
合计		—	1 462 400.00	56.00

【任务 1-12】 保本分析

承【任务 1-11】业务资源及已完成的任务，完成 2018 年 105 号加油站保本分析表（表 1-53）。

表 1-53　2018 年 105 号加油站保本分析表

项目	说明	数值
一、销售量/吨		
1. 汽油		
2. 柴油		
二、吨油毛利/(元/吨)		560.00
1. 汽油		700.00
2. 柴油		500.00
三、销售毛利/元		
1. 汽油		
2. 柴油		

续表

项目	说明	数值
四、加油站费用/元		
1.销货运费	汽车油罐方式运输，吨油运费为40元	
2.职工薪酬	年固定人工成本68万，销售提成为每吨油计提12元	
3.水电费	水电费标准为每月5 000元	
4.修理费	修理费标准为每月2 500元	
5.通信费	通信费标准为每月1 000元	
6.劳动保护费	劳动保护费标准为每月1 500元	
7.业务宣传费	每吨油对应宣传费为3元	
8.办公费	办公费标准为每月2 000元	
9.低值易耗品摊销	每吨油对应低值易耗品费用为1元	
10.警卫消防费	警卫消防费每年10 000元	
11.加油站租金	租金保持不变	
12.折旧和资产摊销	折旧摊销保持不变	
五、营业利润/元		0.00

注：假设汽柴油销售量比例保持不变，变动费用随销售量连续均匀变化。

【实践教学指导】

【分析】

（1）保本销售量总量＝固定成本总额/（吨油毛利－单位变动成本合计）＝1 462 400/（560－56）＝2 901.59（吨）。

（2）根据已知条件，2019年汽柴油销售量比例较之前保持不变，则根据2016—2018年105号加油站经营情况统计表内2018年汽油和柴油销售量比例计算保本销售量，汽油保本销售量＝保本销售量×1 500/5 000＝2 901.59×1 500/5 000＝870.48（吨），柴油保本销售量＝保本销售量总量－汽油保本销售量＝2 901.59－870.48＝2 031.11（吨）。

（3）汽油销售毛利＝吨油毛利×汽油保本销售量＝700×870.48＝609 333.33（元），柴油销售毛利的计算比照汽油销售毛利进行。

（4）计算加油站变动成本费用，销货运费＝运费单位变动成本×保本销售总量＝40×2 901.59＝116 063.49（元）；职工薪酬＝680 000＋12×2 901.59＝714 819.05（元）；保本下其他成本费用的计算比照销货运费、职工薪酬处理。

【计算结果】

计算结果如表1-54所示。

表 1-54　2018 年 105 号加油站保本分析表

项目	说明	数值
一、销售量/吨		2 901.59
1. 汽油		870.48
2. 柴油		2 031.11
二、吨油毛利/(元/吨)		560.00
1. 汽油		700.00
2. 柴油		500.00
三、销售毛利/元		1 624 888.89
1. 汽油		609 333.33
2. 柴油		1 015 555.56
四、加油站费用/元		1 624 888.89
1. 销货运费	汽车油罐方式运输，吨油运费为 40 元	116 063.49
2. 职工薪酬	年固定人工成本 68 万，销售提成为每吨油计提 12 元	714 819.05
3. 水电费	水电费标准为每月 5 000 元	60 000.00
4. 修理费	修理费标准为每月 2 500 元	30 000.00
5. 通信费	通信费标准为每月 1 000 元	12 000.00
6. 劳动保护费	劳动保护费标准为每月 1 500 元	18 000.00
7. 业务宣传费	每吨油对应宣传费为 3 元	8 704.76
8. 办公费	办公费标准为每月 2 000 元	24 000.00
9. 低值易耗品摊销	每吨油对应低值易耗品费用为 1 元	2 901.59
10. 警卫消防费	警卫消防费每年 10 000 元	10 000.00
11. 加油站租金	租金保持不变	300 000.00
12. 折旧和资产摊销	折旧摊销保持不变	328 400.00
五、营业利润/元		0.00

注：假设汽柴油销售量比例保持不变，变动费用随销售量连续均匀变化。

【任务 1-13】 保利分析

承【任务 1-11】【任务 1-12】业务资源及已完成的任务，完成 2019 年 105 号加油站保利分析表（表 1-55）。

表 1-55　2019 年 105 号加油站保利分析表

项目	说明	数值
一、销售量/吨		
1. 汽油		
2. 柴油		

续表

项目	说明	数值
二、吨油毛利/(元/吨)		
1.汽油		
2.柴油		
三、销售毛利/元		
1.汽油		
2.柴油		
四、加油站费用/元		
1.销货运费	汽车油罐方式运输,吨油运费为40元	
2.职工薪酬	年固定人工成本68万,销售提成为每吨油计提12元	
3.水电费	水电费标准为每月5 000元	
4.修理费	修理费标准为每月2 500元	
5.通信费	通信费标准为每月1 000元	
6.劳动保护费	劳动保护费标准为每月1 500元	
7.业务宣传费	每吨油对应宣传费为3元	
8.办公费	办公费标准为每月2 000元	
9.低值易耗品摊销	每吨油对应低值易耗品费用为1元	
10.警卫消防费	警卫消防费每年10 000元	
11.加油站租金	租金保持不变	
12.折旧和资产摊销	折旧摊销保持不变	
五、营业利润/元		1 500 000.00

注:预计2019年汽柴油销售量比例变为40%和60%,柴油吨油毛利为600元,汽油吨油毛利为700元。固定成本和单位变动成本同2018年保持不变。假定变动费用随销售量连续均匀变化。

【实践教学指导】

【分析】

(1)已知预计2019年汽柴油销售量比例变为40%和60%,柴油吨油毛利为600元,汽油吨油毛利为700元,因此吨油毛利=700×40%+600×60%=640(元/吨)。

(2)计算保利销售量,2019年预计营业利润1 500 000元,保利销售量=(固定成本总额+1 500 000)/(吨油毛利-单位变动成本合计)=(1 462 400+1 500 000)/(640-56)=5 072.60(吨),由于预计2019年汽柴油销售量比例变为40%和60%,则汽油保利销售量=5 072.60×40%=2 029.04(吨),柴油保利销售量=5 072.60×60%=3 043.56(吨)。

(3)计算销售毛利,汽油销售毛利=汽油保利销售量×汽油吨油毛利=

2 029.04×700＝1 420 328.77（元），柴油销售毛利＝柴油保利销售量×柴油吨油毛利＝3 043.56×600＝1 826 136.99（元）。

（4）计算保利下加油站费用，销货运费＝单位变动成本×保利销售总量＝40×5 072.60＝202 904.11（元），职工薪酬＝单位变动成本×保利销售总量＋固定成本＝12×5 072.60＋680 000＝740 871.23（元），保利下加油站其他成本费用的计算比照销货运费、职工薪酬处理。

【计算结果】

计算结果如表 1-56 所示。

表 1-56　2019 年 105 号加油站保利分析表

项目	说明	数值
一、销售量/吨		5 072.60
1. 汽油		2 029.04
2. 柴油		3 043.56
二、吨油毛利/(元/吨)		640.00
1. 汽油		700.00
2. 柴油		600.00
三、销售毛利/元		3 246 465.75
1. 汽油		1 420 328.77
2. 柴油		1 826 136.99
四、加油站费用/元		1 746 465.75
1. 销货运费	汽车油罐方式运输，吨油运费为 40 元	202 904.11
2. 职工薪酬	年固定人工成本 68 万，销售提成为每吨油计提 12 元	740 871.23
3. 水电费	水电费标准为每月 5 000 元	60 000.00
4. 修理费	修理费标准为每月 2 500 元	30 000.00
5. 通信费	通信费标准为每月 1 000 元	12 000.00
6. 劳动保护费	劳动保护费标准为每月 1 500 元	18 000.00
7. 业务宣传费	每吨油对应宣传费为 3 元	15 217.81
8. 办公费	办公费标准为每月 2 000 元	24 000.00
9. 低值易耗品摊销	每吨油对应低值易耗品费用为 1 元	5 072.60
10. 警卫消防费	警卫消防费每年 10 000 元	10 000.00
11. 加油站租金	租金保持不变	300 000.00
12. 折旧和资产摊销	折旧摊销保持不变	328 400.00
五、营业利润/元		1 500 000.00

注：预计 2019 年汽柴油销售量比例变为 40％和 60％，柴油吨油毛利为 600 元，汽油吨油毛利为 700 元。固定成本和单位变动成本同 2018 年保持不变。假定变动费用随销售量连续均匀变化。

【任务 1-14】 边际分析表

承【任务 1-11】【任务 1-12】【任务 1-13】业务资源及已完成的任务，完成 105 号加油站边际分析表（表 1-57）。

表 1-57 105 号加油站边际分析表

项目	2018 年
一、销售量/吨	5 000.00
1. 汽油	1 500.00
2. 柴油	3 500.00
二、吨油毛利/(元/吨)	560.00
1. 汽油	700.00
2. 柴油	500.00
三、销售毛利/元	2 800 000.00
1. 汽油	1 050 000.00
2. 柴油	1 750 000.00
四、加油站费用/元	
1. 固定费用	
2. 变动费用	
五、营业利润/元	1 057 600.00
六、边际分析	—
1. 边际贡献/元	
2. 保本销售量/吨	
3. 安全边际量/吨	
4. 安全边际率/%	

【实践教学指导】

【分析】

（1）计算加油站固定费用，由【任务 1-11】成本性态分析中固定成本合计可知，加油站固定费用为 1 462 400 元。

（2）计算加油站变动费用，由【任务 1-11】成本性态分析中可知，单位变动成本合计为 56 元/吨，因此，加油站变动费用＝单位变动成本×销售量＝56×5 000＝280 000（元）。

（3）边际贡献＝销售毛利－变动费用＝2 800 000－280 000＝2 520 000（元）。

（4）由【任务 1-12】可知保本销售量是 2 901.59 吨。

（5）安全边际量＝实际销售量－保本销售量＝5 000－2 901.59＝2 098.41（吨）。

（6）安全边际率＝安全边际量/实际销售量×100%＝2 098.41/5 000×100%＝41.97%。

【计算结果】

计算结果如表 1-58 所示。

表 1-58 105 号加油站边际分析表

项目	2018 年
一、销售量/吨	5 000.00
1. 汽油	1 500.00
2. 柴油	3 500.00
二、吨油毛利/(元/吨)	560.00
1. 汽油	700.00
2. 柴油	500.00
三、销售毛利/元	2 800 000.00
1. 汽油	1 050 000.00
2. 柴油	1 750 000.00
四、加油站费用/元	1 742 400.00
1. 固定费用	1 462 400.00
2. 变动费用	280 000.00
五、营业利润/元	1 057 600.00
六、边际分析	——
1. 边际贡献/元	2 520 000.00
2. 保本销售量/吨	2 901.59
3. 安全边际量/吨	2 098.41
4. 安全边际率/%	41.97%

【任务 1-15】 敏感性分析

承【任务 1-11】【任务 1-12】【任务 1-13】【任务 1-14】业务资源及已完成的任务，完成 105 号加油站敏感性分析表（表 1-59）。

表 1-59 105 号加油站敏感性分析表

项目	实际值	销售量	吨油毛利	固定费用	变动费用
因素变化假设	—	上涨 5%	上涨 5%	上涨 5%	上涨 5%
一、销售量/吨	5 000.00				
二、吨油毛利/(元/吨)	560.00				
三、销售毛利/元	2 800 000.00				
四、加油站费用/元	1 742 400.00				
1. 固定费用					
2. 变动费用					

续表

项目	实际值	销售量	吨油毛利	固定费用	变动费用
五、营业利润/元	1 057 600.00				
六、营业利润变化/元	—				
七、营业利润变化百分比/%	—				
八、敏感系数	—				

注：变动费用上涨5%，指变动费用中各项吨油费用标准均上涨5%。

【实践教学指导】

【分析】

（1）由【任务1-11】【任务1-14】可知，105号加油站费用实际值中，固定费用为1 462 400元，变动费用为280 000元。

（2）以计算销售量敏感系数为例：

① 销售量较实际值上涨5%的值=5 000×（1+5%）=5 250（吨）。

② 吨油毛利与实际值一致，金额为560元/吨。

③ 销售毛利=销售量×吨油毛利=5 250×560=2 940 000（元）。

④ 加油站固定费用1 462 400元，加油站变动费用=销售量×单位变动成本=5 250×56=294 000（元）；加油站费用=固定费用+变动费用=1 462 400+294 000=1 756 400（元）。

⑤ 营业利润=销售毛利-加油站费用=2 940 000-1 756 400=1 183 600（元）。

⑥ 营业利润变化=销售量上升5%的营业利润-营业利润实际值=1 183 600-1 057 600=126 000（元）。

⑦ 营业利润变化百分比=营业利润变化/营业利润实际值=126 000/1 057 600=11.91%。

⑧ 销售量敏感系数=营业利润变化百分比/销售量变动百分比=11.91%/5%=2.38。

⑨ 吨油毛利、固定费用、变动费用的敏感系数分析的计算，比照销售量敏感系数分析。

【计算结果】

计算结果如表1-60所示。

表1-60 105号加油站敏感性分析表

项目	实际值	销售量	吨油毛利	固定费用	变动费用
因素变化假设	—	上涨5%	上涨5%	上涨5%	上涨5%
一、销售量/吨	5 000.00	5 250.00	5 000.00	5 000.00	5 000.00

续表

项目	实际值	销售量	吨油毛利	固定费用	变动费用
二、吨油毛利(元/吨)	560.00	560.00	588.00	560.00	560.00
三、销售毛利/元	2 800 000.00	2 940 000.00	2 940 000.00	2 800 000.00	2 800 000.00
四、加油站费用/元	1 742 400.00	1 756 400.00	1 742 400.00	1 815 520.00	1 756 400.00
1.固定费用	1 462 400.00	1 462 400.00	1 462 400.00	1 535 520.00	1 462 400.00
2.变动费用	280 000.00	294 000.00	280 000.00	280 000.00	294 000.00
五、营业利润/元	1 057 600.00	1 183 600.00	1 197 600.00	984 480.00	1 043 600.00
六、营业利润变化/元	—	126 000.00	140 000.00	−73 120.00	−14 000.00
七、营业利润变化百分比/%	—	11.91%	13.24%	−6.91%	−1.32%
八、敏感系数	—	2.38	2.65	−1.38	−0.26

注:变动费用上涨5%,指变动费用中各项吨油费用标准均上涨5%。

第二章

资金管理岗位实践教学内容设计

第一节　投资决策分析

一、项目现金流量预测

由一项长期投资方案所引起的在未来一定期间所发生的现金收支叫作现金流量（Cash Flow）。其中，现金收入称为现金流入量，现金支出称为现金流出量，二者相抵后的余额称为现金净流量（Net Cash Flow，NCF）。投资项目从整个经济寿命周期来看分为投资期、营业期和终结期。

投资项目现金流量估计时，一般遵循以下时点化假设：①以第一笔现金流出的时间为“现在”时间，即“零”时点；②对于原始投资（投资期），如果没有特殊指明，均假设现金在每个“期初”支付；③对于收入、成本、利润（营业期），如果没有特殊指明，均假设在每个“期末”取得。

（一）投资期

投资阶段的现金流量主要是现金流出量，即在该投资项目上的原始投资，包括在长期资产上的投资和垫支的营运资金。

（二）营业期

营业阶段是投资项目的主要阶段，该阶段既有现金流入量，也有现金流出量。现金流入量主要是营运各年的营业收入，现金流出量主要是营运各年的付现营运成本。计算公式如图 2-1 所示。

（三）终结期

项目终结期现金净流量包括：①收回垫支的营运资金（投资期垫支）；②固定资产（投资期长期资产投资）变价（即出售）净收入；③固定资产变现净损益对现金净流量的影响。

表 2-1　超市费用预测表

单位：元

项目	费用标准	合计	第 1 年	第 2 年	第 3 年	第 4 年	第 5 年	第 6 年	第 7 年	第 8 年	第 9 年	第 10 年
一、货物运费	直销运费 3 元/件，6 000 元/吨		* *	* *		* *		* *	* *	* *		* *
二、职工薪酬	见员工编制及人工成本标准表		* *		* *	* *	* *	* *		* *	* *	* *
三、日常经营												
1. 水电费	60 000 元/月		* *	* *	* *	* *	* *	* *	* *	* *	* *	* *
2. 营运耗材费	25 000 元/月	* *	* *	* *	* *	* *	* *	* *	* *	* *	* *	* *
3. 业务宣传费	1 000 000 元/年		* *	* *	* *	* *	* *	* *	* *	* *	* *	* *
4. 维修保养费	75 000 元/月	* *	* *	* *	* *	* *	* *	* *	* *	* *	* *	* *
5. 办公费	15 000 元/月		* *	* *	* *	* *	* *	* *	* *	* *	* *	* *
6. 年检保险费	80 000 元/年	* *	* *	* *	* *	* *	* *	* *	* *	* *	* *	* *
7. 后勤费	100 000 元/年		* *	* *	* *	* *	* *	* *	* *	* *	* *	* *
8. 业务招待费	2 335 元/月	* *	* *	* *	* *	* *	* *	* *	* *	* *	* *	* *
9. 咨询服务费	100 000 元/年		* *	* *	* *	* *	* *	* *	* *	* *	* *	* *
10. 低值易耗品摊销	1 000 000 元/年	* *	* *	* *	* *	* *	* *	* *	* *	* *	* *	* *
11. 日常损耗	2 500 000 元/年	* *	* *	* *	* *	* *	* *	* *	* *	* *	* *	* *
小计			* *	* *	* *	* *	* *	* *	* *	* *	* *	* *
四、折旧摊销类												
1. 固定资产折旧	根据投资清单计算		* *	* *		* *	* *	* *	* *	* *	* *	* *
2. 长期待摊费用摊销—装修	—		* *	* *	* *	* *		* *	* *	* *	* *	* *
3. 使用权资产折旧	—		* *	* *	* *	* *	* *	* *		* *	* *	* *
小计			* *	* *	* *	* *	* *	* *	* *	* *		* *
费用合计												
付现费用合计			* *	* *	* *	* *	* *	* *	* *	* *	* *	* *

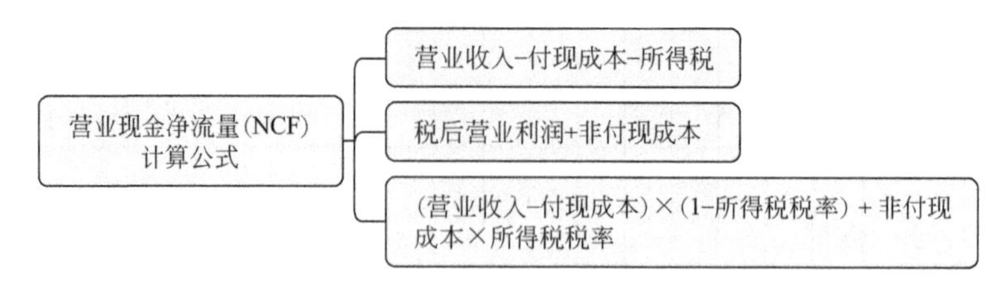

图 2-1 营业现金净流量（NCF）计算公式

【任务 2-1】 超市费用预测

根据业务资源完成超市费用预测（表 2-1）。租赁经营场所按一次性支付租金计算。

【任务 2-2】 超市现金流量预测

根据业务资源和已完成任务（表 2-2），完成超市现金流量预测。租金按一次性支付方式计算。

表 2-2 超市现金流量预测表 单位：元

项目	第 0 年	第 1 年	第 2 年	第 3 年	第 4 年	第 5 年	第 6 年	第 7 年	第 8 年	第 9 年	第 10 年
租金											
固定资产及装修费支出											
营运资金垫支											
税后毛利现金流入											
税后付现费用流出											
折旧及摊销抵税											
税后营业现金流量											
残值流入											
营运资金垫支收回											
各年净现金流量											

【实践教学指导】

业务资源：

【资源 1】 超市投资项目资料

（1）投资超市项目计划

公司拟在山西省运城市投资建设一家超市，为了降低投资风险，保证投资的有效性，公司要求对该投资项目进行可行性分析，并对是否投资提出建议。超市租金支付方式为一次性支付 3 200 万元，付款时间为 2022 年 1 月 1 日。

【分析】

支付时间在年初，即 0 时点——“第 0 年”，流出现金以负号表示，支付－32 000 000（元）。付款时间为 2022 年 1 月 1 日。使用权资产折旧为：32 000 000/10 年＝3 200 000（元）。

（2）投资项目清单（表 2-3）

表 2-3 设备投资清单

设备名称	资产用途	更新年限	单位	数量	单价	金额/元
中央空调	综合管理	5	套	1	1 200 000.00	1 200 000.00
冷库制冷系统	商品存储	5	套	1	600 000.00	600 000.00
升降机	商品存储	5	台	12	30 000.00	360 000.00
自动扶梯	综合管理	10	部	4	152 000.00	608 000.00
叉车	商品存储	5	台	2	75 000.00	150 000.00
冷风柜	商品存储	5	组	40	5 000.00	200 000.00
直梯	综合管理	10	部	2	120 000.00	240 000.00
冷藏柜	商品存储	5	台	50	1 000.00	50 000.00
安防系统	综合管理	5	套	2	156 000.00	312 000.00
合计						3 720 000.00

注：固定资产残值率统一为 4%，直线法折旧。

设备达到更新年限时，于达到更新年限的当年末进行更换并入账，于次年年初开始计提折旧。新设备投资数量及单价不变，旧设备残值处理收到的现金与账面价值相同。

【分析】

固定资产折旧计算

固定资产年折旧率＝（1－预计净残值率）÷预计使用寿命（年）

则中央空调年折旧额＝1 200 000×（1－4%）/5＝230 400，以此类推

残值流入

当设备达到更新年限时，需要更换设备，此时会实现旧设备的残值流入。以中央空调为例，在第 5 年需要更换设备，此时会实现残值 1 200 000×4%＝48 000（元）的正向流入，以此类推，计算出 5 年后需要更换的设备总计带来 2 872 000×4%＝114 880（元）的残值流入。

与此同时，需要在第五年重新购入设备，因此在固定资产及装修支出一栏，填写－2 872 000 元的现金流出。在第 10 年，全部设备达到使用年限，产生 3 720 000×4%＝148 800（元）的残值流入。

(3) 装修费

装修费支出预计为 500 万元，摊销年限为 10 年，在运营开始日一次性支付。

假定所有经营手续、超市的装修及设备安装等均在 2021 年底完成，2022 年 1 月 1 日即可运营。

【分析】

装修费支出预计为 500 万元，摊销年限为 10 年，在运营开始日一次性支付。

则年装修费用摊销＝5 000 000 元/10 年＝500 000（元）。

固定资产及装修费用支出总计－3 720 000＋(－5 000 000) ＝－8 720 000（元），在第五年，会因为更换设备发生－2 872 000（元）的现金流出。

折旧及摊销抵税：找到【任务 1-1】计算出的超市“折旧摊销类小计”，以 2022 年为例，折旧及摊销类小计 4 332 832×25%＝1 083 208（元），由于折旧具有抵税效应，因此以正数表示。

(4) 营运资金使用计划

超市在 2022 年 1 月 1 日垫支可供使用周转的流动资金 420 万元，该营运资金预计收回时间为 2031 年 12 月 31 日。

假设装修期间的所有支出均为自有资金，且不考虑资金的使用成本。

注：公司从 2021 年 1 月 1 日开始实施新租赁准则。涉及租入资产折旧抵税的，按照税法口径进行计算；不考虑租入资产残值。

【分析】

营运资金垫支为流出－4 200 000 元，到 2031 年预计收回 4 200 000 元。

【资源 2】 项目收入支出资料

(1) 超市销售毛利预测

根据公司同类超市经营历史数据、新投资超市周围人流量调查资料预测，该超市未来 10 年分类商品销售毛利预测如表 2-4 所示。

表 2-4 销售毛利预测 单位：元

类别	2022 年	2023 年	2024 年	2025 年	2026 年	2027 年	2028 年	2029 年
合计	34 000 000	36 900 000	38 450 000	40 350 000	41 250 000	42 150 000	43 050 000	43 950 000

【分析】

可以计算税后毛利，已知公司适用所得税税率为 25%，以 2022 年为例，2022 年税后毛利＝34 000 000×（1－25%）＝25 500 000（元），由于 2022 年的毛利实现时间在期末，所以以正数现金流入计入第 1 年，以此类推。

(2) 超市员工编制及薪酬标准

超市员工薪酬支出按照半变动成本法支付，其人员编制与薪酬标准如表 2-5 所示。

表 2-5　员工编制及人工成本标准表

项目	编制数量/人	2022 年每人每月人工成本/元	人工成本调整标准
店长	1	13 000	每年在上一年基础上上涨 3%
保管员	15	4 300	每年在上一年基础上上涨 1.5%
业务员	20	5 800	每年在上一年基础上上涨 3%
理货员	80	4 800	每年在上一年基础上上涨 1.5%
收银员	30	4 400	每年在上一年基础上上涨 3%

【分析】

例如已知保管员每人每月人工成本 4 300 元，则 2022 年一年的全部 15 名保管员人工成本＝15×4 300×12＝774 000（元），以后每年上涨 1.5%，则第二年保管员人工成本为 774 000×1.015＝785 610（元），以此类推。

（3）超市费用标准

超市费用标准如表 2-6 所示。

表 2-6　超市费用预测

项目	费用标准
一、货物运费	直销运费 3 元/件、6 000 元/吨
二、职工薪酬	见员工编制及人工成本标准表
三、日常经营	—
1. 水电费	60 000 元/月
2. 营运耗材费	25 000 元/月
3. 业务宣传费	1 000 000 元/年
4. 维修保养费	75 000 元/月
5. 办公费	15 000 元/月
6. 年检保险费	80 000 元/年
7. 后勤费	100 000 元/年
8. 业务招待费	2 335 元/月
9. 咨询服务费	100 000 元/年
10. 低值易耗品摊销	1 000 000 元/年
11. 日常损耗	2 500 000 元/年

【分析】

水电费 60 000 元/月，则年水电费＝60 000×12＝720 000（元），业务宣传费 1 000 000/年，则每年记 1 000 000 元，以此类推。

（4）超市的直销业务采用委托第三方运输方式，预计 2022 年该超市直销销货量为生鲜 257.85 吨、食品 180.75 吨、日用品 35 460 件，以后年度直销量在上一年的基础上上涨 2%。

表 2-7 超市费用预测表

单位：元

项目	费用标准	合计	第 1 年	第 2 年	第 3 年	第 4 年	第 5 年	第 6 年	第 7 年	第 8 年	第 9 年
一、货物运费	见运费说明	29 980 117.10	2 737 980.00	2 792 739.60	2 848 594.39	2 905 566.28	2 963 677.61	3 022 951.16	3 083 410.18	3 145 078.38	3 207 979.95
二、职工薪酬	见人工成本表	93 506 918.02	8 514 000.00	8 688 690.00	8 867 409.75	9 050 261.98	9 237 352.22	9 428 788.91	9 624 683.44	9 825 150.27	10 030 307.00
三、日常经营											
1. 水电费	60 000 元/月	7 200 000.00	720 000.00	720 000.00	720 000.00	720 000.00	720 000.00	720 000.00	720 000.00	720 000.00	720 000.00
2. 营运耗材费	25 000 元/月	3 000 000.00	300 000.00	300 000.00	300 000.00	300 000.00	300 000.00	300 000.00	300 000.00	300 000.00	300 000.00
3. 业务宣传费	1 000 000 元/年	10 000 000.00	1 000 000.00	1 000 000.00	1 000 000.00	1 000 000.00	1 000 000.00	1 000 000.00	1 000 000.00	1 000 000.00	1 000 000.00
4. 维修保养费	75 000 元/月	9 000 000.00	900 000.00	900 000.00	900 000.00	900 000.00	900 000.00	900 000.00	900 000.00	900 000.00	900 000.00
5. 办公费	15 000 元/月	1 800 000.00	180 000.00	180 000.00	180 000.00	180 000.00	180 000.00	180 000.00	180 000.00	180 000.00	180 000.00
6. 年检保险费	80 000 元/年	800 000.00	80 000.00	80 000.00	80 000.00	80 000.00	80 000.00	80 000.00	80 000.00	80 000.00	80 000.00
7. 后勤费	100 000 元/年	1 000 000.00	100 000.00	100 000.00	100 000.00	100 000.00	100 000.00	100 000.00	100 000.00	100 000.00	100 000.00
8. 业务招待费	2 335 元/月	280 200.00	28 020.00	28 020.00	28 020.00	28 020.00	28 020.00	28 020.00	28 020.00	28 020.00	28 020.00
9. 咨询服务费	100 000 元/年	1 000 000.00	100 000.00	100 000.00	100 000.00	100 000.00	100 000.00	100 000.00	100 000.00	100 000.00	100 000.00
10. 低值易耗品摊销	1 000 000 元/年	10 000 000.00	1 000 000.00	1 000 000.00	1 000 000.00	1 000 000.00	1 000 000.00	1 000 000.00	1 000 000.00	1 000 000.00	1 000 000.00
11. 日常损耗	2 500 000 元/年	25 000 000.00	2 500 000.00	2 500 000.00	2 500 000.00	2 500 000.00	2 500 000.00	2 500 000.00	2 500 000.00	2 500 000.00	2 500 000.00
小计		69 080 200.00	6 908 020.00	6 908 020.00	6 908 020.00	6 908 020.00	6 908 020.00	6 908 020.00	6 908 020.00	6 908 020.00	6 908 020.00
四、折旧摊销类											
1. 固定资产折旧	根据投资清单	6 328 320.00	632 832.00	632 832.00	632 832.00	632 832.00	632 832.00	632 832.00	632 832.00	632 832.00	632 832.00
2. 长期待摊费用——装修	—	5 000 000.00	500 000.00	500 000.00	500 000.00	500 000.00	500 000.00	500 000.00	500 000.00	500 000.00	500 000.00
3. 使用权资产折旧	—	32 000 000.00	3 200 000.00	3 200 000.00	3 200 000.00	3 200 000.00	3 200 000.00	3 200 000.00	3 200 000.00	3 200 000.00	3 200 000.00
小计		43 328 320.00	4 332 832.00	4 332 832.00	4 332 832.00	4 332 832.00	4 332 832.00	4 332 832.00	4 332 832.00	4 332 832.00	4 332 832.00
费用合计		235 895 555.13	22 492 832.00	22 722 281.60	22 956 856.14	23 196 680.26	23 441 881.83	23 692 592.07	23 948 945.62	24 211 080.65	24 479 138.95
付现费用合计		192 567 235.13	18 160 000.00	18 389 449.60	18 624 024.14	18 863 848.26	19 109 049.83	19 359 760.07	19 616 113.62	19 878 248.65	20 146 306.95

表 2-8 超市现金流量预测表

单位：元

项目	第 0 年	第 1 年	第 2 年	第 3 年	第 4 年	第 5 年
租金	−32 000 000.00					
固定资产装修支出	−8 720 000.00					−2 872 000.00
营运资金垫支	−4 200 000.00					
税后毛利现金流入		25 500 000.00	27 675 000.00	28 837 500.00	30 262 500.00	30 937 500.00
税后付现费用流出		−13 620 000.00	−13 792 087.20	−13 968 018.11	−14 147 886.20	−14 331 787.37
折旧及摊销抵税		1 083 208.00	1 083 208.00	1 083 208.00	1 083 208.00	1 083 208.00
税后营业现金流量		12 963 208.00	14 966 120.80	15 952 689.90	17 197 821.81	17 688 920.63
残值流入						114 880.00
营运资金垫支收回						
各年净现金流量	−44 920 000.00	12 963 208.00	14 966 120.80	15 952 689.90	17 197 821.81	14 931 800.63

项目	第 6 年	第 7 年	第 8 年	第 9 年	第 10 年
租金					
固定资产装修支出					
营运资金垫支					
税后毛利现金流入	31 612 500.00	32 287 500.00	32 962 500.00	33 637 500.00	34 312 500.00
税后付现费用流出	−14 519 820.05	−14 712 085.22	−14 908 686.49	−15 109 730.21	−15 315 325.51
折旧及摊销抵税	1 083 208.00	1 083 208.00	1 083 208.00	1 083 208.00	1 083 208.00
税后营业现金流量	18 175 887.95	18 658 622.79	19 137 021.51	19 610 977.79	20 080 382.49
残值流入					148 800.00
营运资金垫支收回					4 200 000.00
各年净现金流量	18 175 887.95	18 658 622.79	19 137 021.51	19 610 977.79	24 429 182.49

【分析】

一年的运费＝生鲜 257.85（吨）×6 000（元/吨）＋食品 180.75（吨）×6 000（元/吨）＋日用品 35 460 件×3 元/件＝2 737 980（元）。

根据已知条件“以后年度直销量在上一年的基础上上涨 2%”，则推测得出生鲜第二年年度销量＝257.85×(1＋2%)，生鲜第三年销量＝[(257.85×(1＋2%)]×(1＋2%)，以此类推。

(5) 净现金流量计算过程

【分析】

① 找到【任务 1-1】计算出的超市“付现费用合计”，以 2022 年为例，2022 年付现费用合计为 18 160 000（元），乘以（1－25%）计算出税后付现费用＝－13 620 000 现金流出，以此类推。

② 税后营业现金流量：在本题中税后营业现金流量＝税后毛利现金流入－税后付现费用流出＋折旧及摊销抵税，2022 年税后营业现金流＝25 500 000－13 620 000＋1 083 208＝12 963 208（元）。

③ 各年净现金流量，根据公式推导得出：

各年净现金流量＝租金＋固定资产及装修费支出＋营运资金垫支＋税后营业现金流量＋残值流入＋营运资金垫支收回

【计算结果】

计算结果如表 2-7、表 2-8 所示。

二、租金支付方式决策

在租金支付方式中，企业通常会面临一次性支付和按年支付两种选择，决策的主要思路是：

将一次性支付和按年支付的现金流量列出后，用一次性付款现金流量减去按年支付方式现金流量计算其差额现金流量。

用差额现金流量乘以复利现值系数，将各年的差额现金流量折现至当前时点，然后相加，如果结果为正数，说明一次性付款的支付额小于按年付款的总现值，应该使用一次性付款的方式，反之则选择按年付款。

【任务 2-3】 超市租金支付方式决策

根据业务资源，完成超市租金支付方式决策表 2-9。

【实践教学指导】

业务资源：

超市卖场、冷库等经营场所拟采用租赁资产使用权的方式取得，计划租期为 10 年（2022 年 1 月 1 日至 2031 年 12 月 31 日），不考虑装修期。

表 2-9　超市租金支付方式决策表　　单位：元

项目	第0年	第1年	第2年	第3年	第4年	第5年	第6年	第7年	第8年	第9年	第10年
一次性付款现金流量		—	—	—	—	—	—	—	—	—	—
按年支付方式现金流量											
差额现金流量（一次性与按年支付现金流量之差）											
复利现值系数（折现率10%）											
各年差额现金流量折现至第0年末											
各年差额折现至第0年末合计											
选择何种方式（一次付/按年付）											

出租方给出两种租金支付方式供选择：

方式一：一次性支付 3 200 万元，付款时间为 2022 年 1 月 1 日。

方式二：按年支付租金，首年租金为 350 万元，以后每年租金在上一年的基础上增长 12%，合同期限 10 年，每年年初支付，首次支付租金时间为 2022 年 1 月 1 日。按照 10%的利率进行折现。另外，该种支付方式下，2022 年 1 月 1 日需支付房租押金为 160 万元。

【分析】

（1）阅读资源材料分析任务中现金流量情况，一次性付款付出的现金为－32 000 000，按年支付是首期 350 万，每年上涨 12%。由于租金在年初支付，已知支付时间为 2022 年 1 月 1 日，则第 0 年应该付出的租金为－3 500 000 元，第 1 年应该付出的租金为－3 500 000×(1＋12%)＝－3 920 000（元）。由条件“该种支付方式下，2022 年 1 月 1 日需支付房租押金为 160 万元”可以推出在 0 时点需要支付的现金为－3 500 000－1 600 000＝－5 100 000（元）。

（2）2023 年差额现金流 0－(－3 920 000) ＝3 920 000（元），其他同理计算。

（3）折现现金流量等于现金流量×复利现值系数。

年差额现金流量折现合计大于 0 则选择 a 方案，小于零则选择 b 方案。本次计算结果中差额大于零，所以选择一次性支付。

【计算结果】

计算结果如表 2-10 所示。

表 2-10 租金支付方式决策表

单位：元

项目	第0年	第1年	第2年	第3年	第4年	第5年
一次性付款现金流量	−32 000 000.00					
按年支付方式现金流量	−5 100 000.00	−3 920 000.00	−4 390 400.00	−4 917 248.00	−5 507 317.76	−6 168 195.89
差额现金流量	−26 900 000.00	3 920 000.00	4 390 400.00	4 917 248.00	5 507 317.76	6 168 195.89
复利现值系数(折现率10%)	1.00	0.91	0.83	0.75	0.68	0.62
各年差额现金流量折现至第0年末	−26 900 000.00	3 567 200.00	3 644 032.00	3 687 936.00	3 744 976.08	3 824 281.45
各年差额现金流量折现至第0年末合计	6 908 569.50					
应该选择何种方式(一次付/按年付)	一次付					

项目	第6年	第7年	第8年	第9年	第10年
一次性付款现金流量					
按年支付方式现金流量	−6 908 379.40	−7 737 384.93	−8 665 871.12	−9 705 775.65	1 600 000.00
差额现金流量	6 908 379.40	7 737 384.93	8 665 871.12	9 705 775.65	−1 600 000.00
复利现值系数(折现率10%)	0.56	0.51	0.47	0.42	0.39
各年差额现金流量折现至第0年末	3 868 692.46	3 946 066.31	4 072 959.43	4 076 425.77	−624 000.00
各年差额现金流量折现至第0年末合计					
应该选择何种方式(一次付/按年付)	一次付				

三、投资项目财务评价指标

（一）净现值法（NPV）

一个投资项目，其未来现金净流量现值与原始投资额现值之间的差额称为净现值（Net Present Value）。计算公式为：净现值（NPV）＝未来现金净流量现值－原始投资额现值。

决策原则：净现值指标的结果大于零，方案可行。在两个以上寿命期相同的互斥方案比较时，净现值越大，方案越好。贴现率的参考标准包括市场利率、投资者希望获得的预期最低投资报酬率、企业平均资本成本率。

（二）现值指数法（PVI）

现值指数（Present Value Index）是投资项目的未来现金净流量现值与原始投资额现值之比。计算公式为：现值指数（PVI）＝未来现金净流量现值/原始投资额现值

决策原则：若现值指数大于1，方案可行。现值指数是相对数指标，反映了投资效率。对于独立投资方案而言，现值指数越大，方案越好。

（三）回收期法（PP）

（1）回收期是指投资项目的未来现金净流量与原始投资额相等时所经历的时间，即“累计现金净流量＝0”的时间。

（2）静态回收期没有考虑货币时间价值，直接用未来现金净流量累计到原始投资数额时所经历的时间作为回收期。

当未来每年现金净流量相等时，静态回收期＝原始投资额÷每年现金净流量。

当未来每年现金净流量相等时，根据累计现金流量来确定回收期。设M是收回原始投资的前一年，静态回收期＝M＋第M年的尚未回收额÷第M＋1年的现金净流量。

（3）动态回收期是在考虑资金时间价值的情况下，需要将投资引起的未来现金净流量进行贴现，以未来现金净流量的现值等于原始投资额现值时所经历的时间（也就是使净现值＝0的时间）为回收期。计算时比静态回收期多了折现的步骤。

【任务2-4】 农场投资决策

根据业务资源及已完成任务，完成农场净现值、回收期及现值指数计算。

以农场加权平均资本成本8.16％折现。复利现值系数四舍五入保留2位小数。

【实践教学指导】

业务资源：

（1）生态农场基本情况

生态农场占地面积约300亩，于2022年1月1日开始运营，运营期限为10年。不考虑项目建设期，农场适用的所得税税率为12.5％。

（2）农场投资情况

农场承包土地年需要资金 60 万元，每年年初支付，租期为 10 年。第一期支付时间为 2022 年 1 月 1 日。

【分析】

租赁土地支出为现金流出，每年－600 000 元。

（3）资产投资

资产投资总计由土地承包、猪场投资、鸡场投资、鱼塘投资、大棚投资、其他投资等六项构成，经计算合计资产投资支出为－13 229 000 元；付现成本现金流出为 2022 年 10 916 200 元，以后各年 10 305 400 元，付现费用第一年为 626 116 元，往后各年为 576 116 元。另外需要垫支的营运资金为 100 万元。

【分析】 农场适用的所得税税率为 12.5%。税后付现成本为 10 916 200×（1－12.5%）＝9 551 675（元）和 10 305 400×（1－12.5%）＝9 017 225（元），第一年的税后付现费用＝626 116×0.875＝547 851.5（元），往后各年付现费用＝576 116×0.875＝504 101.5（元）。100 万元是营运资金垫支及收回金额。

（4）资产投资支出、资产折旧年限及残值率

资产投资支出如表 2-11 所示，资产折旧年限及残值率如表 2-12 所示。

表 2-11　资产投资支出表

资产名称	单位	数量	金额/元
猪场	平方米	4 100	984 000
种猪	头	154	615 000
鸡场	平方米	1 000	70 000
沼气池	个	2	100 000
鱼塘	亩	10	50 000
大棚	亩	270	10 800 000
办公室及仓库	平方米	400	500 000
工具车	台	1	90 000
生产用船	艘	1	20 000
合计	—	—	13 229 000

表 2-12　资产折旧年限及残值率

序号	资产名称	折旧年限/年	残值率
1	猪场	10	0
2	种猪	5	0
3	鸡场	5	0
4	沼气池	5	0
5	鱼塘	5	0

续表

序号	资产名称	折旧年限/年	残值率
6	使用权资产一租赁土地	10	0
7	大棚	15	4%
8	办公室及仓库	10	4%
9	工具车	5	4%
10	生产用船	5	4%

注：农场营业期为10年，营业期结束时大棚的变现价值与账面价值相同，所有固定资产以直线法折旧。

【分析】

(1) 非付现费用——折旧，按照直线法计算折旧费用为1 625 720元。

计算过程如表2-13所示。

表2-13　非付现费用计算表　　单位：元

序号	资产名称	更新年限/年	残值率	原值	原值×(1−预计净残值)	折旧
1	猪场	10	0	984 000.00	984 000.00	98 400.00
2	种猪	5	0	615 000.00	615 000.00	123 000.00
3	鸡场	5	0	70 000.00	70 000.00	14 000.00
4	沼气池	5	0	100 000.00	100 000.00	20 000.00
5	鱼塘	5	0	50 000.00	50 000.00	10 000.00
6	大棚	15	4%	10 800 000.00	10 368 000.00	691 200.00
7	办公室及仓库	10	4%	500 000.00	480 000.00	48 000.00
8	工具车	5	4%	90 000.00	86 400.00	17 280.00
9	生产用船	5	4%	20 000.00	19 200.00	3 840.00
10	使用权资产					600 000.00
合计						1 625 720

(2) 非付现费用抵税＝1 625 720×12.5%＝203 215（元）。

(3) 资产变现流入

资产变现流入计算过程如表2-14所示。

表2-14　资产变现流入表　　单位：元

序号	资产名称	更新年限/年	残值率	原值	10年后价值
1	大棚	15	4%	10 800 000	3 888 000
2	办公室及仓库	10	4%	500 000	20 000
3	工具车	5	4%	90 000	3 600
4	生产用船	5	4%	20 000	800
合计					3 912 400

资产变现流入主要有两个时点：

① 5 年后固定资产更新残值流入，主要是工具车和生产用船，按照 4%的残值计算，会产生 3 600+800=4400（元）的残值流入。

② 10 年后固定资产更新残值流入，主要是办公室及仓库、工具车和生产用船，按照 4%的残值计算，会产生 20 000+3 600+800=24 400（元）的残值流入。

③ 按照“农场营业期为 10 年，营业期结束时大棚的变现价值与账面价值相同”可知，大棚 10 年后的账面价值就是变现流入价值，根据公式大棚账面价值=固定资产原值-累计折旧，可以计算得出大棚 10 年后账面价值=原值 10 800 000-年折旧 691 200×10=3 888 000（元）。

以上相加可计算得出资产变现流入总计 3 912 400 元。

（4）农场销售及利润

农场生产的生猪、鸡、鱼以及大棚农作物全部销售给易利捷超市，且能够达到产销平衡，无库存。农场预计年收入 21 525 000 元。

【分析】 税后收入现金流入=21 525 000×（1-12.5%）=18 834 375（元）。

（5）计算净现值和回收期

【分析】

① 税后营业现金流量=税后收入现金流入-税后成本现金流出-税后费用现金流出+非付现费用抵税。

② 各年净现金流量分别按照各年的现金流入流出计算。将算出的各年现金净流量，乘以复利现值系数以 8.16%为贴现率进行折现，再加总即可求出净现值。

③ 静态回收期

投资期的投入是-14 829 000.00 元，第一年可以收回 8 338 063.50 元，剩余-6 490 936.50 元，可以在第二年（8 916 263.50 元）全部收回，用 1+6 490 936.50/8 916 263.50 可以得出静态回收期=1+0.727 988 411=1.73（年）。

④ 动态回收期

动态回收期=使用各年现金流量×复利现值系数后的数字，动态回收期=1+（14 829 000-7 671 018.42）/7 578 823.98=1.944 471 28=1.94（年）。

⑤ 现值指数（PVI）=未来现金净流量现值/原始投资额现值=4.09。

【计算结果】

计算结果如表 2-15 所示。

表 2-15　农场投资决策分析表

单位：元

项目	第 0 年	第 1 年	第 2 年	第 3 年	第 4 年	第 5 年
租赁土地	−600 000.00	−600 000.00	−600 000.00	−600 000.00	−600 000.00	−600 000.00
资产投资支出	−13 229 000.00					
营运资金垫支	−1 000 000.00					−945 000.00
税后收入现金流入		18 834 375.00	18 834 375.00	18 834 375.00	18 834 375.00	18 834 375.00
税后付现成本现金流出		−9 551 675.00	−9 017 225.00	−9 017 225.00	−9 017 225.00	−9 017 225.00
税后付现费用现金流出		−547 851.50	−504 101.50	−504 101.50	−504 101.50	−504 101.50
非付现费用——折旧		1 625 720.00	1 625 720.00	1 625 720.00	1 625 720.00	1 625 720.00
非付现费用抵税		203 215.00	203 215.00	203 215.00	203 215.00	203 215.00
税后营业现金流量		8 938 063.50	9 516 263.50	9 516 263.50	9 516 263.50	9 516 263.50
资产变现流入						4 400.00
营运资金垫支收回						
各年净现金流量	−14 829 000.00	8 338 063.50	8 916 263.50	8 916 263.50	8 916 263.50	7 975 663.50
净现值	45 828 304.28					
净态回收期/年	1.73					
动态回收期/年	1.94					
现值指数	4.09					
是否投资(是/否)	是					

续表

项目	第6年	第7年	第8年	第9年	第10年
租赁土地	−600 000.00	−600 000.00	−600 000.00	−600 000.00	
资产投资支出					
营运资金垫支					
税后收入现金流入	18 834 375.00	18 834 375.00	18 834 375.00	18 834 375.00	18 834 375.00
税后付现成本现金流出	−9 017 225.00	−9 017 225.00	−9 017 225.00	−9 017 225.00	−9 017 225.00
税后付现费用现金流出	−504 101.50	−504 101.50	−504 101.50	−504 101.50	−504 101.50
非付现费用——折旧	1 625 720.00	1 625 720.00	1 625 720.00	1 625 720.00	1 625 720.00
非付现费用抵税	203 215.00	203 215.00	203 215.00	203 215.00	203 215.00
税后营业现金流量	9 516 263.50	9 516 263.50	9 516 263.50	9 516 263.50	9 516 263.50
资产变现流入					3 912 400.00
营运资金垫支收回					1 000 000.00
各年净现金流量	8 916 263.50	8 916 263.50	8 916 263.50	8 916 263.50	14 428 663.50
净现值	45 828 304.28				
净态回收期/年	1.73				
动态回收期/年	1.94				
现值指数	4.09				
是否投资(是/否)	是				

（四）年金净流量法（等额年金法）

假设项目可以无限重置，并且每次都在该项目的终止期，等额年金的资本化就是项目的永续净现值。

项目期间内全部现金净流量总额的总现值折算为等额年金的平均现金净流量，称为年金净流量（ANCF）。即已知 PA，i，n，求 A。计算公式为：年金净流量＝净现值（NPV）/年金现值系数。决策原则：年金净流量指标的结果大于零，方案可行。在两个以上寿命期不同的投资方案（互斥）比较时，年金净现金流量越大，方案越好。适用于期限不同的投资互斥方案决策。

【任务 2-5】 办公楼装修方案

任务描述：根据业务资源，完成办公楼装修方案的现金流量分析（表 2-16）。装修改造方案和继续租赁方案使用资金的税后资金成本率均假定为 7%。

表 2-16　办公楼装修方案现金流量分析表　　单位：元

时间(年末)	2020 年	2021 年	2022 年	2023 年	2024 年	2025 年	2026 年	2027 年	2028 年	2029 年	2 030 年
建设支出											
折旧											
折旧抵税											
支付租赁违约金											
支付违约金抵税											
税后现金流量											
复利现值系数											
折现现金流量											
现值合计											
等额年金											

【任务 2-6】 办公楼租赁方案

任务描述：根据业务资源，完成办公楼租赁方案的现金流量分析（表 2-17）。

表 2-17　办公楼租赁方案现金流量分析表　　单位：元

时间(年末)	2020 年	2021 年	2022 年	2023 年	2024 年	2025 年
租赁支出						
租赁抵税						
税后现金流量						
复利现值系数(7%)						
折现现金流量						
现值合计						
等额年金						

【实践教学指导】

业务资源：

（1）建设背景介绍

如果公司选择装修新办公大楼，预计装修改建期为 1 年，2020 年 1 月 1 日动工，2020 年 12 月 31 日完工，预计完工后即可达到可使用状态，同时做相关结算全额支付 2 050 万元工程款项。预计可使用 10 年，并按照直线法计提折旧，折旧年限为 10 年，预计残值率为 0%，折旧可以作为所得税税前列支项。

【分析】

① 2020 年支出发生建设−2 050 万元。每年的折旧额为 205 万元。由于折旧带来的抵税效应，可得折旧抵税额为 2 050 000×25%＝512 500（元）。

② 税后现金流量×复利现值系数＝折现现金流量。将各年折现现金流量汇总计算出现值合计数以 10 年期、7%的折现率算出等额年金。

等额年金＝−18 107 375.00/（P/A，7%，10）＝−18 107 375.00/7.02＝−2 579 398.15（元）。

（2）当前办公场所情况

东方石化公司总部目前办公场所系租赁的办公楼，租赁合同于 2015 年与 R 公司签订，租赁期为 2016 年 1 月 1 日—2025 年 12 月 31 日。目前租赁的办公楼存在严重安全隐患，且不能满足东方化工日益壮大的扩张需要。

合同约定，2016 年的年租金为 300 万元。每隔两年年租金上涨 20 万元，租金按年支付，支付时间均在 12 月 31 日，租金为下年租金，首次支付时间为 2015 年 12 月 31 日。租金为不含增值税租金，租金均可以所得税税前列支，如承租方违约不再租赁此办公楼，出租方不退回已支付租金，同时有权向承租方收取 160 万元作为违约金。违约金部分也可以作所得税税前列支。

【分析】

① 租金第一次支付在 2015 年年末支付 2016 年租金，属于预付年金，以此类推，每两年上涨一次，则 2020 年租金为 340 万元，2024 年年末支付 2025 年租金，2025 年不产生租金支出；不再续租需要支付的违约金为−160 万元。同时由于其抵税效应产生 1 600 000×25%＝400 000（元）的正向现金流。

② 由于 2020 年年末即 2021 年初支付的是 2021 年的租金，租金产生的抵税效应在期末计入，因此 2020 年支付的 2021 年租金，在 2021 年产生 85 000（元）的抵税效应，以此类推。

③ 2020 年税后现金流量＝建设支出＋折旧抵税＋支付租赁违约金＋支付违约金抵税＝−20 500 000＋512 500−1 600 000＋400 000＝−21 700 000（元）。往后各年税后现金流量＝折旧抵税所带来的正向现金流 512 500 元。

表 2-18　M 实验楼装修改造方案现金流量分析

单位：元

时间（年末）	2020 年	2021 年	2022 年	2023 年	2024 年	2025 年	2026 年	2027 年	2028 年	2029 年	2030 年
建设支出	−20 500 000.00	—	—	—	—	—	—	—	—	—	—
折旧	—	2 050 000.00	2 050 000.00	2 050 000.00	2 050 000.00	2 050 000.00	2 050 000.00	2 050 000.00	2 050 000.00	2 050 000.00	2 050 000.00
折旧抵税	—	512 500.00	512 500.00	512 500.00	512 500.00	512 500.00	512 500.00	512 500.00	512 500.00	512 500.00	512 500.00
支付租赁违约金	−1 600 000.00	—	—	—	—	—	—	—	—	—	—
支付违约金抵税	400 000.00	—	—	—	—	—	—	—	—	—	—
税后现金流量	−21 700 000.00	512 500.00	512 500.00	512 500.00	512 500.00	512 500.00	512 500.00	512 500.00	512 500.00	512 500.00	512 500.00
复利现值系数(7%)	1.00	0.93	0.87	0.82	0.76	0.71	0.67	0.62	0.58	0.54	0.51
折现现金流量	−21 700 000.00	476 625.00	445 875.00	420 250.00	389 500.00	363 875.00	343 375.00	317 750.00	297 250.00	276 750.00	261 375.00
现值合计	−18 107 375.00										
等额年金	−2 579 398.15										

表 2-19　办公楼租赁方案现金流量分析表

单位：元

时间(年末)	2020 年	2021 年	2022 年	2023 年	2024 年	2025 年
租赁支出	−3 400 000.00	−3 600 000.00	−3 600 000.00	−3 800 000.00	−3 800 000.00	0.00
租赁抵税		850 000.00	900 000.00	900 000.00	950 000.00	950 000.00
税后现金流量	−3 400 000.00	−2 750 000.00	−2 700 000.00	−2 900 000.00	−2 850 000.00	950 000.00
复利现值系数(7%)	1.00	0.93	0.87	0.82	0.76	0.71
折现现金流量	−3 400 000.00	−2 557 500.00	−2 349 000.00	−2 378 000.00	−2 166 000.00	674 500.00
现值合计	−12 176 000.00					
等额年金	−2 969 756.10					

④ 现值合计由折现现金流量加总得出，等额年金以现值合计数/5 年期的年金现值系数计算。等额年金=−12 176 000.00/(P/A，7%，5) =−12 176 000.00/4.1=−2 969 756.10（元）。

因 M 实验楼装修改造方案的等额年金（−2 579 398.15 元）大于办公楼租赁方案的等额年金（−2 969 756.10 元），故选择方案一，装修改造方案。

【计算结果】

计算结果如表 2-18、表 2-19 所示。

（五）内含报酬率法（IRR）

内含报酬率（Internal Rate of Return），是指对投资方案的每年现金净流量进行贴现，使所得的现值恰好与原始投资额现值相等，从而使投资项目净现值（NPV）=0 时的贴现率。

决策原则：当内含报酬率高于投资人期望的最低投资报酬率时，投资项目可行。

内含报酬率 IRR 在 Excel 的计算过程如图 2-2 所示。

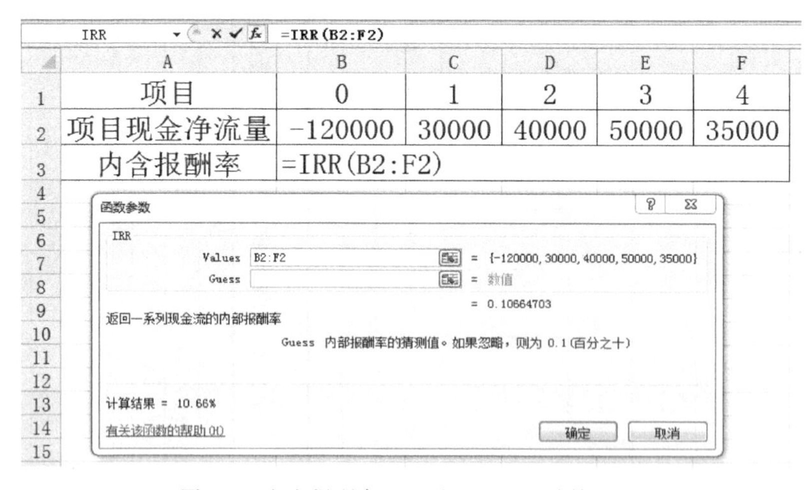

图 2-2 内含报酬率 IRR 在 Excel 的计算过程

【任务 2-7】 筹资方式选择

M 实验大楼改造建设资金筹集可以通过两种方式取得。

要求：使用 Excel 公式计算两种筹资方式的税后资本成本率（内含报酬率），并作出决策。

【实践教学指导】

业务资源：

方式一：长期借款

5 年长期借款，借款金额为 2 050 万元，年借款利率为 6.5%，2019 年 12 月 31 日取得贷款，每年度 12 月 31 日支付本年利息，首次付息日为 2020 年 12 月 31 日。2024 年 12 月 31 日支付最后一期利息，并归还借款本金。

表 2-20 筹资方式决策表

单位：元

时间(年末)	2019 年	2020 年	2021 年	2022 年	2023 年	2024 年
方式 1:长期借款						
取得本金	20 500 000.00	—	—	—	—	—
支付利息	—	−1 332 500.00	−1 332 500.00	−1 332 500.00	−1 332 500.00	−1 332 500.00
其中:支付资本化利息	—	−1 332 500.00	—	—	—	—
支付费用化利息	—	—	−1 332 500.00	−1 332 500.00	−1 332 500.00	−1 332 500.00
资本化利息对应折旧抵税	—	—	33 312.50	33 312.50	33 312.50	33 312.50
费用化利息抵税	—	—	333 125.00	333 125.00	333 125.00	333 125.00
归还本金	—	—	—	—	—	−20 500 000.00
各期税后现金流量	20 500 000.00	−1 332 500.00	−966 062.50	−966 062.50	−966 062.50	−21 466 062.50
税后资金成本率	4.96%					
方式 2:发行债券						
发行债券收取资金	20 500 000.00	—	—	—	—	—
发行费用支出	−1 000 000.00	—	—	—	—	—
支付债券利息	—	−1 200 000.00	−1 200 000.00	−1 200 000.00	−1 200 000.00	−1 200 000.00
其中:资本化债券利息	—	−1 200 000.00	—	—	—	—
费用化债券利息	—	—	−1 200 000.00	−1 200 000.00	−1 200 000.00	−1 200 000.00
资本化利息对应折旧抵税	—	—	30 000.00	30 000.00	30 000.00	30 000.00
费用化利息抵税	—	—	300 000.00	300 000.00	300 000.00	300 000.00
赎回债券支出资金	—	—	—	—	—	−20 000 000.00
各期税后现金流量	19 500 000.00	−1 200 000.00	−870 000.00	−870 000.00	−870 000.00	−20 870 000.00
税后资金成本率	5.16%					
选择(借款/债券)	借款					

续表

时间(年末)	2025 年	2026 年	2027 年	2028 年	2029 年	2030 年
方式 1:长期借款						
取得本金	—	—	—	—	—	—
支付利息	—	—	—	—	—	—
其中:支付资本化利息	—	—	—	—	—	—
支付费用化利息	—	—	—	—	—	—
资本化利息对应折旧抵税	33 312.50	33 312.50	33 312.50	33 312.50	33 312.50	33 312.50
费用化利息抵税	—	—	—	—	—	—
归还本金	—	—	—	—	—	—
各期税后现金流量	33 312.50	33 312.50	33 312.50	33 312.50	33 312.50	33 312.50
税后资金成本率	4.96%					
方式 2:发行债券						
发行债券收取资金	—	—	—	—	—	
发行费用支出	—	—	—	—	—	—
支付债券利息	—	—	—	—	—	—
其中:资本化债券利息	—	—	—	—	—	—
费用化债券利息	—	—	—	—	—	—
资本化利息对应折旧抵税	30 000.00	30 000.00	30 000.00	30 000.00	30 000.00	30 000.00
费用化利息抵税	—	—	—	—	—	—
赎回债券支出资金	—	—	—	—	—	—
各期税后现金流量	30 000.00	30 000.00	30 000.00	30 000.00	30 000.00	30 000.00
税后资金成本率	5.16%					
选择(借款/债券)	借款					

方式二：长期债券

公司于 2019 年 12 月 31 日发行面值为 1 000 元的债券 20 000 份，发行价格为 1 025 元/份，票面利率 6%，发行费用为 100 万元。公司每年付息一次，每年 12 月 31 日付息。首次付息日为 2020 年 12 月 31 日。2024 年 12 月 31 日到期赎回。债券发行费用计入当期损益且不得所得税税前列支。

【分析】

① 借款本金 2 050 万元。取得时间 2019 年 12 月 31 日，本金归还金额为 2 050 万元，时间为 2024 年 12 月 31 日。

②年利息＝20 500 000×6.5%＝1 332 500（元），2020 年开始每年年末支付。

项目 2020 年 1 月动工，12 月完工，可知建设期为 1 年，建设期资金利息应进行资本化处理，并通过折旧形式进行摊销，现金流量中应该考虑其折旧抵税效应。2021 年的利息可以开始做费用化处理。

注意折旧摊销年限为 10 年，利息抵税时间为 4 年。

③ 资本化利息对应折旧抵税＝［资本化利息×（1－残值率）］/使用年限×所得税税率。

第 1 期支付的利息，因资本化计入办公楼成本需要在预计使用的 10 年内进行分摊。

方式一：因资本化每年计提的折旧额抵税＝1 332 500×25%/10＝33 312.5（元）。

方式二：因资本化每年计提的折旧额抵税＝1 200 000×25%/10＝30 000（元）。

④ 债务利息具有抵税作用，故方式一的费用化利息抵税额＝1 332 500×25%＝333 125（元），方式二的费用化利息抵税额＝1 200 000×25%＝300 000 元。

⑤ 使用 Excel 计算公式 IRR 计算税后资本成本率。

税后现金流量＝借款本金＋支付利息＋利息抵税＋还本金。

⑥ 比较资金成本率，发现借款的资金成本 4.96%＜发行债券的资金成本 5.16%，故选择借款作为本次筹集资金的方式。

【计算结果】

计算结果如表 2-20 所示。

第二节　筹资决策分析

一、债务资本成本计算

债务资本成本计算可以采用到期收益率法、可比公司法、风险调整法。

可比公司法是指如果公司没有上市债券，可以找一个拥有可交易债券的可比公司作为参照物，以可比公司长期债券的到期收益率作为本公司的长期债务成本。

风险调整法是指当一家公司没有上市债券，也找不到可比公司时，可以依据公司的信用评级资料，采用风险调整法确定税前债务资本成本。税前债务资本成本＝同期限政府债券的市场回报率（到期收益率）＋企业的信用风险补偿率。信用风险补偿率可根据若干同等信用级别公司的信用风险补偿率的算术平均值确定。同等级别上市公司的信用风险补偿率＝该公司债券的到期收益率－同期长期政府债券的到期收益率。如果考虑债务利息的抵税效应：税后债务成本＝税前债务成本×(1－所得税税率)。

【任务 2-8】 根据业务资源，完成债券税后资本成本计算表（表 2-21），不考虑债券的发行费用，结果四舍五入保留 2 位小数填制答案，如 3.45%。

表 2-21 债券资本成本计算表

AA＋级公司名称	AA＋级公司到期收益率	AA＋级公司到期日期	国债名称	国债票面利率	国债到期收益率	国债到期日	公司债券风险补偿率
甲		2025/1/25	A			2025/1/28	
乙		2028/1/26	B			2028/12/13	
丙		2031/12/23	C			2031/12/31	
本公司债券税后资本成本							

【实践教学指导】

业务资源：

由于本公司目前没有已上市债券，且找不到合适的可比公司，因此决定采用风险调整法确定债务资本成本。本企业的信用级别为 AA＋级，目前国内上市交易的 AA＋级债券有 3 种，已知 3 种债券及与其到期日接近的国债的票面利率和到期收益率如表 2-22 所示。

表 2-22 可比公司及国债参照表

AA＋级公司			国债			
名称	到期收益率	到期日期	名称	票面利率	到期收益率	到期日
甲	6.50%	2025/1/25	A	3.51%	4.00%	2025/1/28
乙	7.25%	2028/1/26	B	3.62%	3.25%	2028/12/13
丙	8.50%	2031/12/23	C	3.80%	4.00%	2031/12/31

【分析】

依据公式：同等级别上市公司的信用风险补偿率＝该公司债券的到期收益率－同期长期政府债券的到期收益率，得出三家公司的信用风险补偿率分别为 3.5%、5%、4.5%。

若干同等信用级别公司的信用风险补偿率的算术平均值＝3.5%＋5%＋4.5%

=4.00%。

税前债务资本成本=同期限政府债券的市场回报率（到期收益率）+企业的信用风险补偿率。

因为企业2022年准备发行10年期的债券，到期时间是2023年1月1日，同期限政府债券的市场回报率选择2025年1月28到期的国债，此国债的到期收益率4%+企业的信用风险补偿率4%=8%。

税后债务成本=税前债务成本×（1-所得税税率）=8.00%×（1-25%）=6.00%。

【计算结果】

计算结果如表2-23所示。

表2-23　税后债券资本成本

	AA+级公司到期收益率	AA+级公司到期日期	国债名称	国债票面利率	国债到期收益率	国债到期日	公司债券风险补偿率
甲	6.50%	2025/1/25	A	3.51%	4.00%	2025/1/28	3.50%
乙	7.25%	2028/1/26	B	3.62%	3.25%	2028/12/13	4.00%
丙	8.50%	2031/12/23	C	3.80%	4.00%	2031/12/31	4.50%
债券税后资本成本	6.00%						

二、权益资本成本计算

资本资产定价模型用于描述单一证券（或投资组合）的期望报酬或必要收益与系统风险之间的关系。

即：必要报酬率=无风险报酬率+系统风险补偿率

$$R_S = R_f + \beta \times (R_m - R_f)$$

其中，R_S表示权益资本成本，R_f表示无风险报酬率，一般用国债利率来近似替代；β表示某公司（或股票）的风险系数；R_m表示市场平均报酬率。

若新项目的风险与现有资产的平均风险显著不同，就不能使用加权平均资本成本作为项目资本成本，而应该估计项目的系统风险。

一般情况下，在市场上获得的某公司β值是指该公司股票的β权益。β资产并非完整的系统风险量度，通常无法直接获得，必须由β权益调整得出。

调整方法：

① 卸载可比公司β权益中的财务杠杆。

即除去可比公司β权益中的财务风险，得到不含财务杠杆的β资产。

公式：β资产 = β权益/[1+(1-所得税税率)×负债/股东权益]

② 加载目标企业财务杠杆，得到目标企业的β权益

公式：β 权益＝β 资产×[1＋(1－所得税税率)×负债/股东权益]

此处的负债/股东权益，指的是目标企业的负债/股东权益比值。

③ 运用资本资产定价模型，根据调整得出目标企业的 β 权益，计算股东要求的报酬率。

④ 计算目标企业的加权平均资本成本。

三、加权平均资本成本计算

加权平均资本成本是公司全部长期资本的平均成本，一般按各种长期资本的比例（资本结构）加权计算，以各项个别资本占企业总资本的比重为权数，对各项个别资本成本率进行加权平均而得到总资本成本率。通常，可供选择的价值形式有账面价值、市场价值、目标价值等，一般情况下可以按照表 2-24 计算加权资本成本。

表 2-24 加权资本成本测算表

筹资类型	①权数	②个别资本成本	①×②
债务			
权益			
合计			

【任务 2-9】 加权平均资本成本计算

根据业务资源及已完成的任务，完成加权平均资本成本计算表（表 2-25）。

表 2-25 加权平均资本成本计算表

公司	债务比例	权益比例	β 权益	β 资产
富乐家股份有限公司				
大发利股份有限公司				
德隆麦股份有限公司				
易利捷超市有限公司				
加权平均资本成本				

【实践教学指导】

业务资源：

假定公司已成功上市，用资本资产定价模型确定公司权益资本成本。

无风险利率以我国发行十年期国债的平均利率作为当前资本市场含时间价值和通货膨胀报酬率，其值为 3.07%。

市场平均风险报酬率选取近十年 A 股上市公司不考虑现金红利再投资的综合年市场回报率的平均值作为市场平均收益率，其值为 9.66%。

权益资本市场风险系数（β系数）选择了三家连锁超市企业作为可比公司，以可比公司β资产的平均数作为本公司β资产数值，可比公司相关数据如表2-26所示。

表2-26　债务资本成本计算

可比公司	债务比例	权益比例	β权益	企业所得税税率
富乐家股份有限公司	50%	50%	1.3	25%
大发利股份有限公司	55%	45%	1.2	25%
德隆麦股份有限公司	57%	43%	1.3	25%

公司确定目标资本结构：权益资本为40%，债务资本为60%。本企业将于2022年1月1日发行10年期年末付息到期还本的债券。企业适用的所得税税率为25%。

【分析】

根据公式先计算β资产：

$$\beta\text{资产}=\beta\text{权益}/[1+(1-\text{所得税税率})\times\text{负债}/\text{股东权益}]$$

算出三家超市的β权益和β资产后，以可比公司β资产的平均数作为本公司β资产，再计算出β权益=1.43。

权益资本成本根据公式$R_S=R_f+\beta\times(R_m-R_f)$，已知$R_f=3.07\%$，$R_f=9.66\%$，$\beta$权益=1.43，代入公式求出权益资本成本=12%。

加权平均资本成本数为：

债务资本成本×60%+权益资本成本×40%=7.67%×0.6+12%×0.4=9%。

第三章

成本管理岗位实践教学内容设计

第一节　作业成本法

作业成本法，是指以“作业消耗资源、产出消耗作业”为原则，按照资源动因将资源费用追溯或分配至各项作业，计算出作业成本，然后再根据作业动因，将作业成本追溯或分配至各成本对象，最终完成成本计算的成本管理方法。

作业成本法下，间接成本的分配路径如图 3-1 所示。

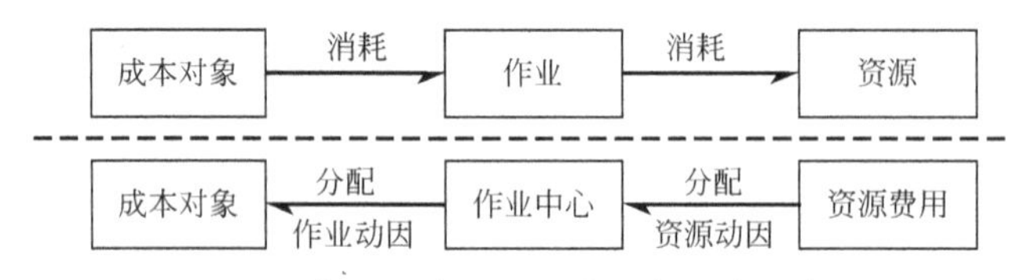

图 3-1　作业成本法下间接成本的分配路径

作业成本法的核心思想是在资源与成本对象之间加入了“作业”，对成本使用多元化分配标准进行分配，使分配结果更加准确。分配路径实例如图 3-2 所示。

图 3-2　作业成本法下间接成本的分配路径举例

作业成本法能引导管理人员将注意力集中在成本发生的原因及成本动因上，而不仅仅是关注成本计算结果本身。通过作业成本的计算和有效控制，可以较好地克服传统成本计算方法中间接费用责任不清的缺点，提高企业成本控制和管理能力。

传统成本计算法与作业成本计算法的区别如图 3-3 所示。

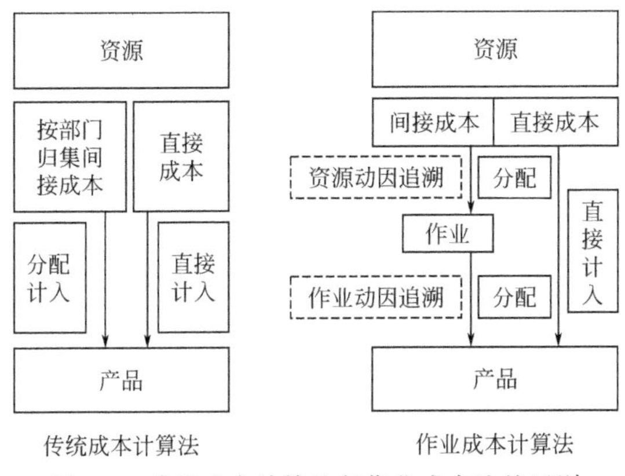

图 3-3　传统成本计算法与作业成本法的区别

一、资源费用归集与分配

作业成本法计算产品（服务）成本，首先要进行资源费用的归集，然后按照资源动因追溯分配至各作业成本中心。

【任务 3-1】 资源费用归集表

任务描述：根据业务资源，按照作业成本法进行资源费用的预算。以完整小数位数引用计算，结果四舍五入保留 2 位小数填制答案。如表 3-1 所示。

表 3-1　资源费用归集表　　单位：元

项目	油品储存	油品计量	加油操作	收银核算	综合管理
人工费	—				
水费	—	—	—	—	
电费					
取暖费	—	—	—	—	
化验计量费		—	—	—	—
警卫消防费		—	—	—	—
修理费					
排污费	—	—	—	—	
劳动保护费	—				
业务宣传费	—	—	—	—	
租赁及折旧摊销费					
业务招待费	—	—	—	—	
办公费	—				
差旅费	—	—	—	—	
低值易耗品摊销	—				
通信费	—				
合计数					

【实践教学指导】

业务资源：

（1）作业中心分类（表 3-2）

表 3-2 作业中心分类

作业中心	作业名称	作业解释	人员配置	岗位职责
油品存储中心	油品储存	汽柴油使用储油罐进行存储	—	—
油品计量中心	油品计量	对汽柴油进行收发存的计量	计量员	油量计量
加油中心	加油操作	对汽柴油进行的发货操作	加油员	加油操作
收银核算中心	收银核算	收银开票对账等	核算员	收银、开票、发卡、对账等
综合管理中心	综合管理	安全、环境、排班、保管	站长、后勤员	排班、综合管理、安全管理、综合后勤、环境卫生、用品管理

（2）各项费用解释及预算编制具体要求（表 3-3）

表 3-3 各项费用解释及预算编制具体要求

资源费用项目	费用项目解释	预算编制要求
人工费	指加油站员工的工资、奖金、津贴及补贴	按人员编制及计提规则编制
水费	指加油站为耗用水而支付的费用	吨油费用标准×预算销售量
电费	指加油站为耗用电而支付的费用	吨油费用标准×预算销售量
取暖费	指加油站所发生的取暖费	吨油费用标准×预算销售量
化验计量费	指加油站为计量、检验商品所发生的，可直接计入费用的用具、用品及向技术监督部门（或单位）支付的检验费、计量费、鉴定费等	吨油费用标准×预算销售量
警卫消防费	指加油站发生的各种警卫、消防支出。包括加油站营业场所等发生的安全、保卫、消防支出；租用消防设施的费用；不构成固定资产的消防设施支出；警卫消防人员的着装费、训练费；向公安、武警、消防、保安公司等机构支付的治安联防、消防依托费用等	吨油费用标准×预算销售量
修理费	是指加油站日常维修发生的维修费	资产清单中资产原值（不包括装修摊销）的 0.5%提取每年的修理费
排污费	是指加油站日常排污处理费用	吨油费用标准×预算销售量
劳动保护费	指为加油站职工提供的劳动保护、防护等方面发生的费用支出。包括工作服、劳保用品、防暑降温用品及其他劳动保护支出	吨油费用标准×预算销售量
业务宣传费	指加油站为营销而发生的各种业务宣传费用，如赠送礼品、设置宣传栏、橱窗、板报、印刷宣传材料、购置宣传用品等方面的费用及委托外部单位进行营销、策划、宣传支付的全部费用	吨油费用标准×预算销售量

续表

资源费用项目	费用项目解释	预算编制要求
租赁及折旧摊销费	指加油站使用的固定资产提取的折旧(包括以经营租赁方式租出固定资产提取的折旧),长期待摊费用的摊销,租赁办公用房屋、管理用具、车辆等发生的租金支出	按照资产清单说明进行预算编制
业务招待费	加油站为经营和管理的需要而支付的全部业务招待支出	吨油费用标准×预算销售量
办公费	指加油站发生的办公性费用支出,如:文具费、纸张费、邮费、办公设备耗材等	吨油费用标准×预算销售量
差旅费	指加油站人员因公外出发生的交通费、住宿费、出差补助等各项费用开支	吨油费用标准×预算销售量
低值易耗品摊销	指加油站按规定一次摊销使用的低值易耗品	吨油费用标准×预算销售量
通信费	指加油站发生的电话费、传真费、网络使用费、移动话费等	吨油费用标准×预算销售量

2019 年 13 号加油站预算销售量(经营量)为 5 490 吨。13 号加油站费用预算如表 3-4 所示。

表 3-4 13 号加油站费用预算表 单位:元

序号	项目	吨油费用标准		标准费用
1	经营量(吨)	—	—	5 490.00
2	人工费	吨油人工费	103.16	按人员编制及计提规则编制
3	水费	吨油水费	0.00	0.00
4	电费	吨油电费	6.63	36 398.70
5	取暖费	吨油取暖费	2.18	11 968.20
6	化验计量费	吨油化验计量费	2.48	13 615.20
7	警卫消防费	吨油警卫消防费	1.56	8 564.40
8	修理费	吨油修理费	1.50	按资产清单中资产原值(不包括装修摊销)的 0.5% 提取每年的修理费
9	排污费	吨油排污费	0.00	0.00
10	劳动保护费	吨油劳动保护费	0.10	549.00
11	业务宣传费	吨油业务宣传费	1.74	9 552.60
12	租赁及折旧摊销费	吨油租赁及折旧摊销费	59.54	按照资产清单说明进行预算编制
13	业务招待费	吨油业务招待费	0.29	1 592.10
14	办公费	吨油办公费	0.16	878.40
15	差旅费	吨油差旅费	4.77	26 187.30
16	低值易耗品摊销	吨油低值易耗品摊销	0.00	0.00
17	通信费	吨油通信费	0.92	5 050.80

（3）资源费用分配规则

① 人工费

按照各作业中心下人员对应的人工成本计算归集。人员编制及计提规则如表3-5所示，2019年13号加油站预计加油量为5 490吨。

表3-5　13号加油站人员编制及工资计提规则

项目	编制数量	固定人工成本/元	变动人工成本总额计提规则	变动人工成本分配占比
站长	1	70 000.00	(1)加油量≤2 000吨，无计提； (2)2 000吨＜加油量≤3 000吨，按20元/吨计提人工资包； (3)3 000吨＜加油量≤4 000吨，按40元/吨计提人工资包； (4)4 000吨＜加油量≤5 000吨，按60元/吨计提人工资包； (5)5 000吨＜加油量≤8 000吨，按80元/吨计提人工资包； (6)8 000吨＜加油量，按90元/吨计提人工资包。	25%
加油员	6	270 000.00		60%
计量员	1	70 000.00		5%
核算员	1	70 000.00		5%
后勤员	1	70 000.00		5%
小计	10.00	550 000.00		100%

【分析】 先计算2019年13号加油站人工成本预算（表3-6）。

表3-6　13号加油站人工成本预算　　单位：元

项目	编制数量	固定人工成本	变动人工成本总额	变动人工成本分配占比	变动成本	人工成本合计	作业名称
站长	1	70 000	159 200	25%	39 800	109 800	综合管理
加油员	6	270 000		60%	95 520	365 520	加油操作
计量员	1	70 000		5%	7 960	77 960	油品计量
核算员	1	70 000		5%	7 960	77 960	收银核算
后勤员	1	70 000		5%	7 960	77 960	综合管理
小计	10	550 000		100%	159 200	709 200	—

变动人工成本总额计算过程如图3-4所示。

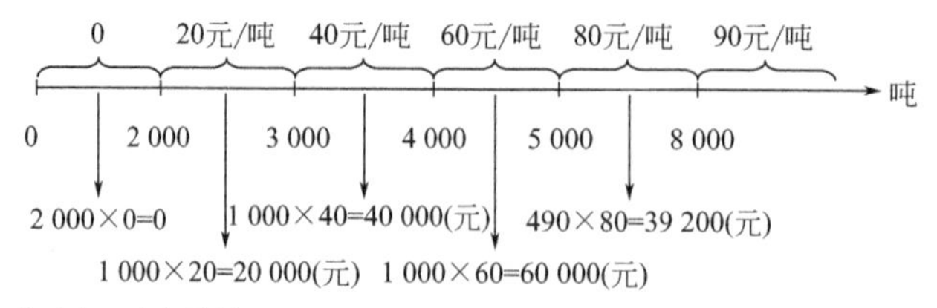

图3-4　变动人工成本总额计算过程

根据以上计算结果，人工费归集到各作业成本中心如表 3-7 所示。

表 3-7 人工费归集到各作业成本中心 单位：元

项目	油品储存	油品计量	加油操作	收银核算	综合管理
人工费	—	77 960	365 520	77 960	187 760

② 电费

工业企业电费标准为 1.2 元/度，已知各作业中心年耗电度数预计情况如表 3-8 所示，计算各作业中心耗用电费。13 号加油站费用预算表中电费预算（即 36 398.70 元）与按照每度 1.2 元计算的电费之间的差额调整计入综合管理中心电费中。

表 3-8 各作业中心预计用电量

作业中心	油品储存中心	油品计量中心	加油操作中心	收银核算中心	综合管理中心	合计
年耗电量/度	14 600.00	3 000.00	5 800.00	2 430.00	4 502.00	30 332.00

【分析】 根据各作业中心预计用电量，计算各作业中心预计电费，如表 3-9 所示。

表 3-9 各作业中心预计电费

作业中心	油品储存中心	油品计量中心	加油操作中心	收银核算中心	综合管理中心	合计
年耗电量/度	14 600.00	3 000.00	5 800.00	2 430.00	4 502.00	30 332.00
电费标准/(元/度)	1.20	1.20	1.20	1.20	1.20	—
电费预算/元	17 520.00	3 600.00	6 960.00	2 916.00	5 402.70①	36 398.70

① 综合管理中心电费预算=36 398.70−17 520.00−3 600.00−6 960.00−2 916.00。

③ 修理费

加油站每年对设备进行修理，针对每项设备按照其资产原值的 0.5%提取修理费。资产清单如表 3-10 所示。

表 3-10 13 号加油站资产清单

设备名称	资产用途	更新年限	数量	单价/元	资产原值/元
加油机	加油操作	5	6	15 000.00	90 000.00
液位仪	油品计量	5	1	60 000.00	60 000.00
油气回收设备	加油操作	5	3	40 000.00	120 000.00
空调	综合管理	5	4	5 000.00	20 000.00
计算机	收银核算	5	2	5 000.00	10 000.00
打印机	收银核算	5	2	5 000.00	10 000.00

续表

设备名称	资产用途	更新年限	数量	单价/元	资产原值/元
网络设备(交换机、集线器、防火墙等)	收银核算	5	1	10 000.00	10 000.00
取暖锅炉	综合管理	10	1	60 000.00	60 000.00
地源热泵	油品储存	10	1	60 000.00	60 000.00
发电机	综合管理	10	2	25 000.00	50 000.00
泵	油品储存	10	2	40 000.00	80 000.00
地上建筑装修(长期待摊费用)	综合管理	10	1	150 000.00	150 000.00
工艺管线(输油、输气)	油品储存	10	2	80 000.00	160 000.00
上、下水系统	综合管理	10	2	40 000.00	80 000.00
配电柜	综合管理	10	1	50 000.00	50 000.00
保险柜	综合管理	10	2	10 000.00	20 000.00
站房	综合管理	10	1	200 000.00	200 000.00
罩棚	综合管理	10	1	300 000.00	300 000.00
独立标识、品牌柱	综合管理	10	2	100 000.00	200 000.00
油罐、气罐	油品储存	10	4	60 000.00	240 000.00
变压器	综合管理	10	1	30 000.00	30 000.00
合计			42	—	2 000 000.00

注:地上建筑装修计入长期待摊费用,其余计入固定资产,固定资产残值率统一为4%,直线法折旧。所有资产在2019年均未到设备报废年限,未计提减值或者新增新设备。2019年租金为14万元,未在表中列示。

【分析】

油品储存中心修理费=(60 000+80 000+160 000+240 000)×0.005=2 700(元);

油品计量中心修理费=60 000×0.005=300(元);

加油操作中心修理费=(90 000+120 000)×0.005=1 050(元);

收银核算中心修理费=(10 000+10 000+10 000)×0.005=150(元);

综合管理中心修理费=(20 000+60 000+50 000+80 000+50 000+20 000+200 000+300 000+200 000+30 000)×0.005=5 050(元),注意地上建筑装修(长期待摊费用)不能计算。

④ 租赁及折旧摊销费

根据13号加油站资产清单,计算各项资产的折旧和摊销额,并按照资产用途归集至各作业中心。

租赁费用在油品储存、加油操作、收银核算、综合管理按照30%、40%、10%、20%分配。

【分析】 根据13号加油站资产清单，2019年租金为14万元，未在表3-10中列示，因此，租赁及折旧摊销费为363 320.00元，计算过程如图3-5所示。

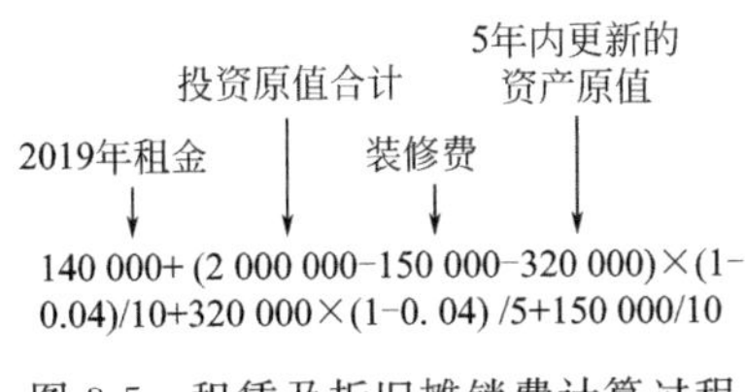

图3-5　租赁及折旧摊销费计算过程

租赁费＝140 000（元），折旧摊销费＝363 320－140 000＝223 320（元）。

各作业中心预计租赁及折旧摊销费如表3-11所示。

表3-11　各作业中心预计租赁及折旧摊销费　　单位：元

作业中心	油品储存中心	油品计量中心	加油操作中心	收银核算中心	综合管理中心	合计
租赁费分配比例	30%	—	40%	10%	20%	100%
租赁费	42 000	0	56 000	14 000	28 000	140 000
折旧摊销费	51 840	11 520	40 320	5 760	113 880	223 320
合计	93 840	11 520	96 320	19 760	141 880	363 320

⑤ 劳动保护费、办公费、通信费、低值易耗品摊销

加油站的劳动保护费、办公费、通信费、低值易耗品摊销费人均费用标准一致，各作业中心上述费用按照各作业中心人数分配。

【分析】 根据以上业务资料，计算结果如表3-12所示。

表3-12　各作业中心劳动保护费、办公费、通信费、低值易耗品摊销

单位：元

作业中心	油品储存中心	油品计量中心	加油操作中心	收银核算中心	综合管理中心	合计
各作业中心人数/人	0	1	6	1	2	10
劳动保护费	0	54.9	329.4	54.9	109.8	549
办公费	0	87.84	527.04	87.84	175.68	878.4
低值易耗品摊销	0	0	0	0	0	0
通信费	0	505.08	3 030.48	505.08	1 010.16	5 050.80

⑥ 其他费用

取暖费、化验计量费、警卫消防费、业务宣传费、业务招待费、差旅费，按照实际发生额直接分配至各作业中心。

【分析】 取暖费、化验计量费、警卫消防费、业务宣传费、业务招待费、差旅费只有一个作业中心承担资源费用，无须进行分配。

【计算结果】

计算结果如表 3-13 所示。

表 3-13 资源费用归集 单位：元

项目	油品储存	油品计量	加油操作	收银核算	综合管理
人工费	—	77 960.00	365 520.00	77 960.00	187 760.00
水费	—	—	—	—	0.00
电费	17 520.00	3 600.00	6 960.00	2 916.00	5 402.70
取暖费	—	—	—	—	11 968.20
化验计量费	13 615.20	—	—	—	—
警卫消防费	8 564.40	—	—	—	—
修理费	2 700.00	300.00	1 050.00	150.00	5 050.00
排污费	—	—	—	—	0.00
劳动保护费	—	54.90	329.40	54.90	109.80
业务宣传费	—	—	—	—	9 552.60
租赁及折旧摊销费	93 840.00	11 520.00	96 320.00	19 760.00	141 880.00
业务招待费	—	—	—	—	1 592.10
办公费	—	87.84	527.04	87.84	175.68
差旅费	—	—	—	—	26 187.30
低值易耗品摊销	—	0.00	0.00	0.00	0.00
通信费	—	505.08	3 030.48	505.08	1 010.16
合计数	136 239.60	94 027.82	473 736.92	101 433.82	390 688.54

二、作业成本归集与分配

将资源费用归集并分配至各作业成本中心后需要按照作业动因计算作业分配率，为将作业成本分配到各产品（服务）做准备。

【任务 3-2】 作业分配率计算表

任务描述：根据业务资源和已完成的【任务 3-1】，完成作业分配率计算。以完整小数位数引用计算，结果四舍五入保留 2 位小数填制答案（表 3-14）。

表 3-14 作业分配率计算表

作业名称	作业动因	作业量	资源费用合计/元	作业分配率
油品储存	储存量/吨			
油品计量	计量次数/次			
加油操作	加油量/千升			
收银核算	收银次数/次			
综合管理	直接计入/吨			

【实践教学指导】

业务资源：

各作业中心的作业量预计如表 3-15 所示。

表 3-15　作业量预算

作业中心	作业解释	作业动因	作业量		
			合计	汽油	柴油
油品储存	对汽柴油，用储油罐进行存储	储存量/吨	5 550	1 900	3 650
油品计量	对汽柴油进行收发存的计量	计量次数/次	4 320	1 440	2 880
加油操作	对汽柴油进行的发货操作	加油量/千升	6 830	2 525	4 305
收银核算	收银开票对账等	收银次数/次	72 000	50 500	21 500
综合管理	安全、环境、排班、保管	直接计入/吨	5 550	1 900	3 650

【分析】 根据【任务 1-1】资源费用归集计算结果，各作业中心作业成本已经确定，将各作业中心成本除以对应作业动因量，计算各作业中心作业分配率。

例如，油品储存作业中心作业成本分配率＝136 239.60/5 550＝24.55（元/吨）。

【计算结果】

计算结果如表 3-16 所示。

表 3-16　作业分配率计算表

作业名称	作业动因	作业量	资源费用合计/元	作业分配率
油品储存	储存量/吨	5 550.00	136 239.60	24.55
油品计量	计量次数/次	4 320.00	94 027.82	21.77
加油操作	加油量/千升	6 830.00	473 736.92	69.36
收银核算	收银次数/次	72 000.00	101 433.82	1.41
综合管理	直接计入/吨	5 550.00	390 688.54	70.39

三、产品（服务）成本计算

计算各作业中心作业成本分配率之后，现在需按照各产品（服务）作业动因量将各作业中心归集的作业成本分配至各产品（服务），完成作业成本法整个计算过程。

【任务 3-3】 作业成本预算表

任务描述：根据业务资源和已完成任务完成作业成本预算。以完整小数位数引用计算，结果四舍五入保留 2 位小数填制答案（表 3-17）。

表 3-17 作业成本预算表 单位：元

作业中心	作业动因	作业分配率	作业量			作业成本		
			汽油	柴油	合计	汽油	柴油	合计
油品储存	储存量/吨							
油品计量	计量次数/次							
加油操作	加油量/千升							
收银核算	收银次数/次							
综合管理	直接计入/吨							

【实践教学指导】

业务资源：各作业中心的作业量预计如表 3-18 所示。

表 3-18 作业量预算

作业中心	作业解释	作业动因	作业量		
			合计	汽油	柴油
油品储存	对汽柴油用储油罐进行存储	储存量/吨	5 550	1 900	3 650
油品计量	对汽柴油进行收发存的计量	计量次数/次	4 320	1 440	2 880
加油操作	对汽柴油进行的发货操作	加油量/千升	6 830	2 525	4 305
收银核算	收银开票对账等	收银次数/次	72 000	50 500	21 500
综合管理	安全、环境、排班、保管	直接计入/吨	5 550	1 900	3 650

【分析】 根据【任务 3-2】作业分配率计算表计算结果，将各作业中心归集的作业成本分配至各产品（服务）。例如，如何将油品储存作业中心归集的作业成本分配至汽油、柴油产品？

油品储存作业中心归集的作业成本分配至汽油＝1 900×24.55（以完整小数位引用计算）＝46 640.58（元）；

油品储存作业中心归集的作业成本分配至柴油＝3 650×24.55（以完整小数位引用计算）＝89 599.02（元）。

【计算结果】

计算结果如表 3-19 所示。

表 3-19 作业成本预算表 单位：元

作业中心	作业动因	作业分配率	作业量			作业成本		
			汽油	柴油	合计	汽油	柴油	合计
油品储存	储存量/吨	24.55	1 900.00	3 650.00	5 550.00	46 640.58	89 599.02	136 239.60
油品计量	计量次数/次	21.77	1 440.00	2 880.00	4 320.00	31 342.61	62 685.21	94 027.82

续表

作业中心	作业动因	作业分配率	作业量			作业成本		
			汽油	柴油	合计	汽油	柴油	合计
加油操作	加油量/千升	69.36	2 525.00	4 305.00	6 830.00	175 137.00	298 599.92	473 736.92
收银核算	收银次数/次	1.41	50 500.00	21 500.00	72 000.00	71 144.55	30 289.27	101 433.82
综合管理	直接计入/吨	70.39	1 900.00	3 650.00	5 550.00	133 749.23	256 939.31	390 688.54

至此，作业成本法计算产品（服务）成本整个过程已经展示完毕。

第二节　标准成本法

标准成本是指在正常的生产技术和有效的经营管理条件下，企业经过努力应达到的产品成本水平。标准成本法指企业以预先制定的标准成本为基础，通过比较标准成本与实际成本，核算和分析成本差异、揭示成本差异动因、实施成本控制、评价经济业绩的一种成本管理方法。该方法可以揭示与分析标准成本与实际成本之间的差异，并按照例外管理的原则，对不利差异予以纠正，以提高工作效率，不断改善产品成本。

一、标准成本的制定

单位产品的标准成本＝直接材料标准成本＋直接人工标准成本＋制造费用标准成本＝∑（用量标准×价格标准）

标准成本的制定如表 3-20 所示。

表 3-20　标准成本的制定

成本项目	用量标准	价格标准
直接材料	材料用量标准(单位产品的材料标准用量) 【注】直接材料数量差异	材料价格标准(材料的标准单价) 【注】直接材料价格差异
直接人工	工时用量标准(单位产品的标准工时) 【注】直接人工效率差异	标准工资率(小时标准工资率) 【注】直接人工工资率差异
制造费用	工时用量标准(单位产品的标准工时或机器小时) 【注】变动制造费用效率差异	标准制造费用分配率(小时标准制造费用分配率) 【注】变动制造费用耗费差异

二、变动成本差异分析

变动成本是指直接材料、直接人工和变动制造费用。变动成本差异计算的通用公式如下：

(1) 成本总差异＝实际产量下的实际成本－实际产量下的标准成本

$$=P_{实}\times Q_{实}-P_{标}\times Q_{标}$$

(2) 价差＝实际用量×（实际价格－标准价格）$=Q_{实}\times(P_{实}-P_{标})$

(3) 量差＝（实际用量－标准用量）×标准价格＝$(Q_{实}-Q_{标})\times P_{标}$

量差和价差的计算过程如图 3-6 所示，此图示能帮助理解和记忆通用计算公式。记忆口诀：量差量差，数量作差，价差价差，价格作差，作差都是实际减标准，价差大面积数量乘实际，量差小面积价格乘标准。

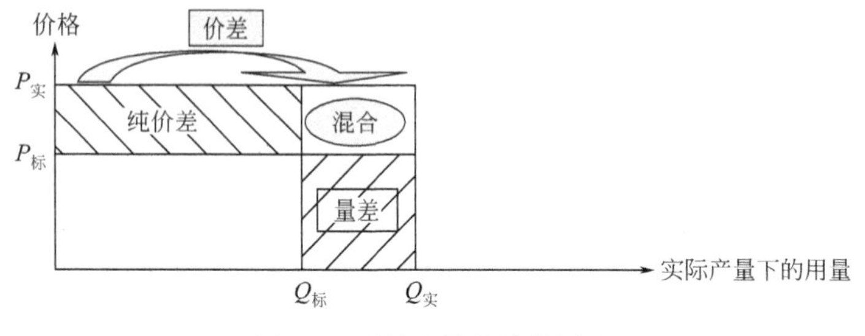

图 3-6 量差和价差计算图示

需要特别说明，直接人工和变动制造费用数量差异都称为××效率差异，直接人工价格差异是工资率差异，变动制造费用价格差异是耗费差异。变动成本差异计算公式如表 3-21 所示。

表 3-21 变动成本差异计算公式

变动成本项目	数量差异	价格差异
直接材料	价格差异＝(实际价格－标准价格)×实际用量	数量差异＝(实际用量－实际产量下标准用量)×标准价格
直接人工	工资率差异＝(实际工资率－标准工资率)×实际工时	效率差异＝(实际工时－实际产量下标准工时)×标准工资率
变动制造费用	耗费差异＝(实际分配率－标准分配率)×实际工时	效率差异＝(实际工时－实际产量下标准工时)×标准分配率

【任务 3-4】 变动成本差异分析

根据业务资源，计算面包房的直接成本差异。以完整小数位数引用计算，结果四舍五入保留 2 位小数填制答案。如表 3-22 所示。

表 3-22 变动成本差异分析 单位：元

项目	吐司面包	牛角面包	合计
直接材料价格差异			
直接材料数量差异			
直接人工工资率差异			

续表

项目	吐司面包	牛角面包	合计
直接人工效率差异			
变动制造费用耗费差异			
变动制造费用效率差异			

【实践教学指导】

业务资源：20号超市内有一个小型面包房，只生产吐司面包和牛角面包两种产品。生产工艺流程比较成熟，因此超市对面包房使用标准成本法，对其定期进行标准成本差异分析。

（1）面包生产实际消耗量资料（表3-23）

表3-23　面包生产实际消耗量资料

项目	实际用量		价格单价/(元/千克)
	吐司面包	牛角面包	
直接材料/千克	—	—	—
其中：面粉	28 520.00	14 480.00	2.50
酵母	280.00	300.00	30.00
砂糖	1 710.00	1 220.00	6.50
黄油	1 600.00	8 380.00	12.50
鸡蛋	4 470.00	5 550.00	0.45
牛奶	7 820.00	4 230.00	7.00
直接人工	75分钟/屉	85分钟/屉	18.00元/小时
变动制造费用	20分钟/屉	28分钟/屉	14.00元/小时
固定制造费用	20分钟/屉	28分钟/屉	8.00元/小时

① 产能：该面包房年产能216 000个面包（吐司面包每日产量280个，牛角面包每日产量320个），2020年实际生产205 200个面包（吐司面包每日产量260个，牛角面包每日产量310个），一年按照360天计算。

② 蒸屉标准：吐司面包30个/屉；牛角面包50个/屉。

【分析】 变动成本差异计算的关键点是确定各变动成本项目的$Q_{实}$、$P_{实}$、$Q_{标}$、$P_{标}$。因为有两个产品，所以要分别确定吐司面包、牛角面包的$Q_{实}$、$P_{实}$、$Q_{标}$、$P_{标}$。

吐司面包直接人工实际生产工时＝260（每日实际产量）×360（一年按360天计算）/30（吐司面包每个屉每次蒸30个）×75（每个屉每蒸一次需要实际工时75分钟）/60（分钟转为小时）＝3 900（小时），同理，计算牛角面包直接人工实际生产工时＝310×360/50×85/60（分钟转为小时）＝3 162（小时）；

吐司面包变动制造费用实际生产工时＝260（每日实际产量）×360（一年按360天计算）/30（吐司面包每个屉每次蒸30个）×20（每个屉每蒸一次需要实际工时20分钟）/60（分钟转为小时）＝1 040（小时），同理，计算牛角面包变动制造费用实际生产工时＝310×360/50×28/60＝1 041.60（小时）。

通过计算，各产品的$Q_{实}$和$P_{实}$结果如表3-24所示。

表3-24 各产品实际成本表

产品名称	项目	实际人工工时 $Q_{实}$/小时	实际工资率 $P_{实}$/(元/小时)	实际工时 $Q_{实}$/小时	实际分配率 $P_{实}$/(元/小时)
吐司面包	直接人工	3 900	18		
牛角面包	直接人工	3 162	18		
吐司面包	变动制造费用			1 040	14
牛角面包	变动制造费用			1 041.6	14

（2）面包生产标准成本资料（表3-25）

表3-25 面包生产标准成本资料

项目	用量标准		价格单价/(元/千克)
	吐司面包	牛角面包	
直接材料/(克/个)	—	—	—
其中:面粉	280.00	120.00	3.00
酵母	3.00	3.00	35.00
砂糖	17.00	12.00	8.00
黄油	17.00	74.50	14.00
鸡蛋	50.00	50.00	0.50
牛奶	90.00	40.00	9.00
直接人工	70分钟/屉	80分钟/屉	16.00元/小时
变动制造费用	20分钟/屉	30分钟/屉	12.00元/小时
固定制造费用	18分钟/屉	28分钟/屉	10.00元/小时

【分析】 依据这项资源分别确定吐司面包、牛角面包的$Q_{标}$、$P_{标}$。

吐司面包直接材料（面粉）实际产量下的标准耗用量＝280×260×360（260×360为实际产量）/1 000（将单位克转化为千克）＝26 208（千克），同理，计算牛角面包直接材料实际产量下的标准耗用量＝120×310×360/1 000＝13 392.00（千克），其余材料标准耗用量同理计算。直接材料$Q_{实}$、$P_{实}$、$Q_{标}$、$P_{标}$计算结果如表3-26所示。

表 3-26　直接材料用量表

项目	实际用量		价格单价/(元/千克)	用量标准						价格单价/(元/千克)
	吐司面包	牛角面包		吐司面包			牛角面包			
直接材料/千克	$Q_{实}$	$Q_{实}$	$P_{实}$	单位标准用量/(克/个)	产量/个	标准耗用量 $Q_{标}$/千克	单位标准用量/(克/个)	产量/个	标准耗用量 $Q_{标}$/千克	$P_{标}$
其中：面粉	28 520.00	14 480.00	2.50	280.00	93 600.00	26 208.00	120.00	111 600.00	13 392.00	3.00
酵母	280.00	300.00	30.00	3.00	93 600.00	280.80	3.00	111 600.00	334.80	35.00
砂糖	1 710.00	1 220.00	6.50	17.00	93 600.00	1 591.20	12.00	111 600.00	1 339.20	8.00
黄油	1 600.00	8 380.00	12.50	17.00	93 600.00	1 591.20	74.50	111 600.00	8 314.20	14.00
鸡蛋	4 470.00	5 550.00	0.45	50.00	93 600.00	4 680.00	50.00	111 600.00	5 580.00	0.50
牛奶	7 820.00	4 230.00	7.00	90.00	93 600.00	8 424.00	40.00	111 600.00	4 464.00	9.00

吐司面包直接人工实际产量下的标准生产工时＝260（每日实际产量）×360（一年按 360 天计算）/30（吐司面包每个屉每次蒸 30 个）×70（每个屉每蒸一次需要标准工时 70 分钟）/60（分钟转为小时）＝3 640（小时），同理，计算牛角面包直接人工实际产量下的标准生产工时＝310×360/50×80/60＝2 976（小时）；

吐司面包变动制造费用实际产量下的标准生产工时＝260（每日实际产量）×360（一年按 360 天计算）/30（吐司面包每个屉每次蒸 30 个）×20（每个屉每蒸一次需要标准工时 20 分钟）/60（分钟转为小时）＝1 040（小时），同理，计算牛角面包变动制造费用实际产量下的标准生产工时＝310×360/50×30/60＝1 116（小时）。

通过计算，各产品的 $Q_{标}$ 和 $P_{标}$ 结果如表 3-27 所示。

表 3-27　各产品标准成本表

产品名称	项目	单位标准人工工时×实际产量＝$Q_{标}$/小时	标准工资率 $P_{标}$/(元/小时)	单位标准工时×实际产量＝$Q_{标}$/小时	标准分配率 $P_{标}$/(元/小时)
吐司面包	直接人工	3 640	16		
牛角面包	直接人工	2 976	16		
吐司面包	变动制造费用			1 040	12
牛角面包	变动制造费用			1 116	12

【计算结果】

计算结果如表 3-28、表 3-29 所示。

表 3-28 直接材料成本差异分析

项目	实际用量		价格单价/(元/千克)	用量标准		价格单价/(元/千克)	吐司面包		牛角面包	
	吐司面包	牛角面包		吐司面包	牛角面包					
直接材料/千克	$Q_{实}$	$Q_{实}$	$P_{实}$	$Q_{标}$	$Q_{标}$	$P_{标}$	直接材料价格差异/元	直接材料数量差异/元	直接材料价格差异/元	直接材料数量差异/元
其中:面粉	28 520.00	14 480.00	2.50	26 208.00	13 392.00	3.00	−14 260.00	6 936.00	−7 240.00	3 264.00
酵母	280.00	300.00	30.00	280.80	334.80	35.00	−1 400.00	−28.00	−1 500.00	−1 218.00
砂糖	1 710.00	1 220.00	6.50	1 591.20	1 339.20	8.00	−2 565.00	950.40	−1 830.00	−953.60
黄油	1 600.00	8 380.00	12.50	1 591.20	8 314.20	14.00	−2 400.00	123.20	−12 570.00	921.20
鸡蛋	4 470.00	5 550.00	0.45	4 680.00	5 580.00	0.50	−223.50	−105.00	−277.50	−15.00
牛奶	7 820.00	4 230.00	7.00	8 424.00	4 464.00	9.00	−15 640.00	−5 436.00	−8 460.00	−2 106.00
合计							−36 488.50	2 440.60	−31 877.50	−107.40

表 3-29 直接人工、变动制造费用成本差异分析

单位：元

项目	直接人工工资率差异	直接人工效率差异	变动制造费用耗费差异	变动制造费用效率差异
吐司面包	7 800.00	4 160.00	2 080.00	0.00
牛角面包	6 324.00	2 976.00	2 083.20	−892.80
合计	14 124.00	7 136.00	4 163.20	−892.80

三、固定制造费用成本差异分析

固定制造费用成本差异分析可以采用两差异分析法和三差异分析法。

（一）两差异分析法

两差异分析法分为耗费差异和能量差异，计算公式如下：

（1）固定制造费用总差异＝实际固定制造费用－实际产量下的标准固定制造费用

（2）耗费差异＝实际固定制造费用（即 $Q_{实} \times P_{实}$）－生产能量下标准固定制造费用（即 $Q_{产} \times P_{标}$）

需要说明的是，生产能量下标准固定制造费用＝生产能量（已知数）×单位产品标准工时（已知数）×固定制造费用标准分配率（已知数）

（3）能量差异＝生产能量下标准固定制造费用（即 $Q_{产} \times P_{标}$）－实际产量下标准固定制造费用（即 $Q_{标} \times P_{标}$）＝（生产能量下标准工时－实际产量下标准工时）×标准分配率

需要说明的是，实际产量下标准固定制造费用＝实际产量（已知数）×单位产品标准工时（已知数）×固定制造费用标准分配率（已知数）

注意生产能量下标准工时（$Q_{产}$）与实际产量下标准工时（$Q_{标}$）的区别。

（二）三差异分析法

三差异分析法分为耗费差异、闲置能量差异和效率差异，计算公式如下：

（1）耗费差异＝实际固定制造费用－生产能量下标准固定制造费用＝实际固定制造费用（即 $Q_{实} \times P_{实}$）－生产能量下标准工时（$Q_{产}$）×标准分配率（$P_{标}$）

（2）闲置能量差异＝生产能量下标准固定制造费用（即 $Q_{产} \times P_{标}$）－实际工时（$Q_{实}$）×标准分配率（$P_{标}$）

（3）效率差异＝实际工时（$Q_{实}$）×标准分配率（$P_{标}$）－实际产量下标准工时（$Q_{标}$）×标准分配率（$P_{标}$）

注意生产能量下标准工时（$Q_{产}$）、实际产量下实际工时（$Q_{实}$）与实际产量下标准工时（$Q_{标}$）的区别。

两差异分析法和三差异分析法的计算过程如图 3-7 所示，此图示能帮助理解和记忆通用计算公式。

【任务 3-5】 固定制造费用差异分析

根据业务资源，计算面包房的固定制造费用差异。以完整小数位数引用计算，结果四舍五入保留 2 位小数填制答案。如表 3-30 所示。

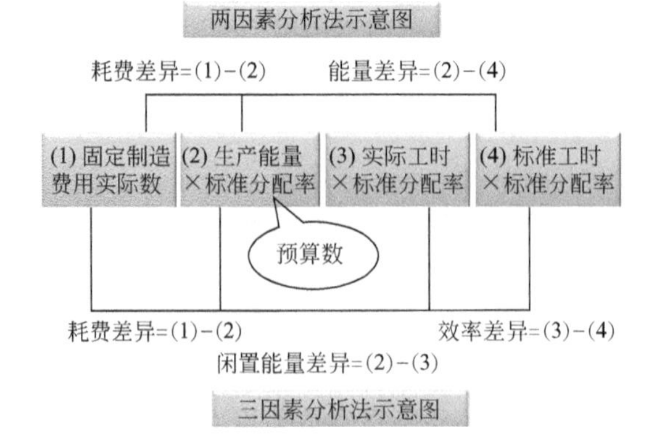

图 3-7 两差异分析法和三差异分析法计算过程图示

表 3-30 固定制造费用差异分析 单位：元

项目	吐司面包	牛角面包	合计
固定制造费用耗费差异			
固定制造费用闲置能量差异			
固定制造费用效率差异			

【实践教学指导】

业务资源：20 号超市内有一个小型面包房，只生产吐司面包和牛角面包两种产品。生产工艺流程比较成熟，因此超市对面包房使用标准成本法，对其定期进行标准成本差异分析。

（1）面包生产实际消耗量资料（表 3-31）

表 3-31 面包生产实际消耗量资料

项目	实际用量		价格单价
	吐司面包	牛角面包	
固定制造费用	20 分钟/屉	28 分钟/屉	8.00 元/小时

① 产能：该面包房年产能 216 000 个面包（吐司面包每日产量 280 个，牛角面包每日产量 320 个），2020 年实际生产 205 200 个面包（吐司面包每日产量 260 个，牛角面包每日产量 310 个），一年按照 360 天计算。

② 蒸屉标准：吐司面包 30 个/屉；牛角面包 50 个/屉。

（2）面包生产标准成本资料（表 3-32）

表 3-32　面包生产标准成本资料

项目	用量标准		价格单价
	吐司面包	牛角面包	
固定制造费用	18 分钟/屉	28 分钟/屉	10.00 元/小时

【分析】 固定制造费用差异计算的关键点是确定 $Q_{实}$、$Q_{产}$、$Q_{标}$、$P_{实}$、$P_{标}$。因为有两个产品，所以要分别确定吐司面包、牛角面包的 $Q_{实}$、$Q_{产}$、$Q_{标}$、$P_{实}$、$P_{标}$。计算过程如下：

吐司面包 $Q_{实}=260\times360/30\times20/60=1\ 040$（小时）；

牛角面包 $Q_{实}=310\times360/50\times28/60=1\ 041.6$（小时）；

吐司面包 $Q_{产}=280\times360/30\times18/60=1\ 008$（小时）；

牛角面包 $Q_{产}=320\times360/50\times28/60=1\ 075.2$（小时）；

吐司面包 $Q_{标}=260\times360/30\times18/60=936$（小时）；

牛角面包 $Q_{标}=310\times360/50\times28/60=1\ 041.6$（小时）。

关键的五个因素计算结果如表 3-33 所示。

表 3-33　固定制造费用关键因素计算

产品名称	$Q_{实}$/小时	$Q_{产}$/小时	$Q_{标}$/小时	$P_{实}$/(元/小时)	$P_{标}$/(元/小时)
吐司面包	1 040	1 008	936	8	10
牛角面包	1 041.6	1 075.2	1 041.6	8	10

【计算结果】

计算结果如表 3-34 所示。

表 3-34　固定制造费用差异分析　　单位：元

产品名称	计算指标		固定制造费用耗费差异 (1)－(2)	固定制造费用闲置能量差异 (2)－(3)	固定制造费用效率差异 (3)－(4)
吐司面包	(1)$Q_{实}\times P_{实}$	8 320	－1 760.00	－320.00	1 040.00
	(2)$Q_{产}\times P_{标}$	10 080			
	(3)$Q_{实}\times P_{标}$	10 400			
	(4)$Q_{标}\times P_{标}$	9 360			
牛角面包	(1)$Q_{实}\times P_{实}$	8 332.8	－2 419.20	336.00	0.00
	(2)$Q_{产}\times P_{标}$	10 752			
	(3)$Q_{实}\times P_{标}$	10 416			
	(4)$Q_{标}\times P_{标}$	10 416			
合计			－4 179.20	16.00	1 040.00

第四章

绩效管理岗位实践教学内容设计

第一节 绩效考评

一、平衡计分卡

（一）平衡计分卡的四个维度

平衡计分卡的四个维度如表 4-1 所示。

表 4-1 平衡计分卡的四个维度

四个维度	评价指标
财务维度	投资资本回报率、净资产收益率（权益净利率）、经济增加值、息税前利润、自由现金流量、资本负债率、总资产周转率
客户维度	市场份额、客户满意度、客户获得率、客户保持率、客户获利率、战略客户数量等
内部业务流程维度	交货及时率、生产负荷率、产品合格率、存货周转率、单位生产成本等
学习和成长维度	新产品开发周期、员工满意度、员工保持率、员工生产率、培训计划完成率等

（二）平衡计分卡的四个平衡

平衡计分卡的四个平衡如表 4-2 所示。

表 4-2 平衡计分卡的四个平衡

四个平衡	主要内容
外部与内部平衡	外部评价指标（如股东和客户对企业的评价）和内部评价指标（如内部经营过程、新技术学习等）的平衡
成果与驱动因素平衡	成果评价指标（如利润、市场占有率等）和导致成果出现的驱动因素评价指标（如新产品投资开发等）的平衡

续表

四个平衡	主要内容
财务和非财务平衡	财务评价指标（如利润等）和非财务评价指标（如员工忠诚度、客户满意程度等）的平衡
短期和长期平衡	短期评价指标（如利润指标等）和长期评价指标（如员工培训成本、研发费用等）的平衡

【任务4-1】 总经理绩效财务层面考核

根据业务资源，完成财务层面指标计算。表格内的目标值以2018年的预算值为基础确定。如表4-3所示。

表4-3　2018年总经理绩效财务层面考核表

层面	编号	指标名称	指标性质	计量单位	极性	权重	目标值	实际值	完成度	单项得分	加权得分
财务层面	1	销售量	考核指标	吨	正	10%					
	2	营业收入	考核指标	元	正	10%					
	3	营业收入增长率	考核指标	%	正	10%					
	4	毛利	考核指标	元	正	10%					
	5	单位毛利	考核指标	元/吨	正	5%					
	6	销售毛利率	考核指标	%	正	5%					
	7	销售费用率	关注指标	%	负	0%					
	8	息税前利润	关注指标	元	正	0%					
	9	净利润	考核指标	元	正	15%					
	10	净利润增长率	考核指标	%	正	5%					
	11	净资产收益率	考核指标	%	正	15%					
	12	流动比率	关注指标	1	正	0%					
	13	速动比率	关注指标	1	正	0%					
	14	资产负债率	考核指标	%	负	5%					
	15	总资产周转率	考核指标	次数	正	10%					

【实践教学指导】

业务资源：

相关财务表格如表4-4～表4-8所示。

表 4-4 财务层面指标介绍

层面	编号	指标名称	指标性质	计量单位	极性	权重	计分方法
财务层面	1	销售量	考核指标	吨	正	10%	一、完成度计算 极性为正的指标： 指标完成度＝实际值/目标值×100%； 极性为负的指标： 指标完成度＝(2－实际值/目标值)×100% 二、完成度对应分数 完成度≥99%，100分； 99%＞完成度≥90%，90分； 90%＞完成度≥80%，80分； 80%＞完成度≥70%，60分； 70%＞完成度≥60%，50分； 完成度＜60%，0分 三、特殊说明 如果目标值出现负数，则按以下规则计算完成度：完成情况优于预计情况，完成度按100%计；否则完成度按0%计
	2	营业收入	考核指标	元	正	10%	
	3	营业收入增长率	考核指标	%	正	10%	
	4	毛利	考核指标	元	正	10%	
	5	单位毛利	考核指标	元/吨	正	5%	
	6	销售毛利率	考核指标	%	正	5%	
	7	销售费用率	关注指标	%	负	0%	
	8	息税前利润	关注指标	元	正	0%	
	9	净利润	考核指标	元	正	15%	
	10	净利润增长率	考核指标	%	正	5%	
	11	净资产收益率	考核指标	%	正	15%	
	12	流动比率	关注指标	1	正	0%	
	13	速动比率	关注指标	1	正	0%	
	14	资产负债率	考核指标	%	负	5%	
	15	总资产周转率	考核指标	次数	正	10%	

表 4-5 利润表简表 单位：元

项目	2017 年	2018 年
一、营业收入	12 574 290 000.00	12 457 561 620.00
减：营业成本	11 729 040 000.00	11 601 028 300.00
税金及附加	18 426 000.00	15 418 000.00
销售费用	513 760 000.00	589 641 000.00
管理费用	110 000 000.00	90 000 000.00
研发费用	4 361 000.00	6 925 000.00
财务费用	54 041 000.00	44 245 000.00
其中：利息费用	52 000 000.00	43 000 000.00
利息收入	4 413 480.00	5 204 160.00
二、营业利润(亏损以“－”号填列)	144 662 000.00	110 304 320.00
加：营业外收入	1 637 000.00	2 187 000.00
减：营业外支出	3 330 000.00	7 529 000.00
三、利润总额(亏损总额以“－”号填列)	142 969 000.00	104 962 320.00
减：所得税费用	37 200 000.00	16 146 000.00
四、净利润(净亏损以“－”号填列)	105 769 000.00	88 816 320.00

表 4-6 资产负债表简表

单位：元

资产	2016 年	2017 年	2018 年	负债和所有者权益	2016 年	2017 年	2018 年
货币资金	141 072 000	120 674 000	160 208 000	短期借款	0	0	60 000 000
应收账款	3 383 000	2 190 000	9 192 000	应付账款	100 636 000	155 381 000	142 716 000
预付款项	6 071 000	10 113 000	22 909 000	预收款项	15 223 000	176 862 000	114 397 000
其他应收款	65 536 000	51 772 000	44 860 000	应付职工薪酬	5 500 000	7 313 000	6 360 000
存货	335 798 000	472 446 000	495 812 000	应交税费	19 719 000	29 945 000	38 358 000
一年内到期的非流动资产	0	750 000	553 000	其他应付款	35 255 000	44 920 800	64 207 180
流动资产合计	551 860 000	657 945 000	733 534 000	流动负债合计	176 333 000	414 421 800	426 038 180
固定资产	1 066 795 000	1 070 205 000	1 095 155 000	长期借款	642 490 000	730 000 000	890 000 000
在建工程	217 782 000	511 602 000	586 677 000	非流动负债合计	642 490 000	730 000 000	890 000 000
无形资产	52 770 000	59 805 000	101 930 000	负债合计	818 823 000	1 144 421 800	1 316 038 180
长期待摊费用	7 548 000	25 959 000	34 209 000	实收资本（或股本）	1 000 000 000	1 000 000 000	1 000 000 000
递延所得税资产	144 000	328 000	3 041 000	盈余公积	16 211 400	32 076 750	45 399 198
非流动资产合计	1 345 039 000	1 667 899 000	1 821 012 000	未分配利润	61 864 600	149 345 450	193 108 622
				所有者权益合计	1 078 076 000	1 181 422 200	1 238 507 820
资产总计	1 896 899 000	2 325 844 000	2 554 546 000	负债和所有者权益合计	1 896 899 000	2 325 844 000	2 554 546 000

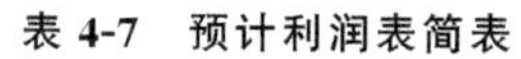

表 4-7 预计利润表简表　　单位：元

项 目	2018 年
一、营业收入	12 437 520 000.00
减：营业成本	11 625 300 000.00
税金及附加	1 600 000.00
销售费用	600 000 000.00
管理费用	90 000 000.00
研发费用	7 000 000.00
财务费用	45 000 000.00
其中：利息费用	40 000 000.00
利息收入	4 200 000.00
二、营业利润(亏损以“－”号填列)	68 620 000.00
加：营业外收入	2 187 000.00
三、利润总额(亏损总额以“－”号填列)	70 807 000.00
减：所得税费用	14 000 000.00
四、净利润(净亏损以“－”号填列)	56 807 000.00

表 4-8 预计资产负债表简表　　单位：元

资 产	2018 年	负债和所有者权益	2018 年
流动资产：	—	流动负债：	—
货币资金	168 064 000.00	短期借款	59 972 000.00
应收票据及应收账款	9 316 000.00	应付票据及应付账款	143 264 000.00
预付款项	23 459 000.00	预收款项	111 447 000.00
其他应收款	50 586 100.00	应付职工薪酬	6 084 000.00
存货	502 635 000.00	应交税费	36 886 000.00
		其他应付款	61 283 000.00
一年内到期的非流动资产	574 000.00	流动负债合计	418 936 000.00
流动资产合计	754 634 100.00	非流动负债：	—
非流动资产：	—	长期借款	934 124 000.00
固定资产	1 101 689 000.00	非流动负债合计	934 124 000.00
在建工程	567 989 000.00	负债合计	1 353 060 000.00
无形资产	102 414 000.00	所有者权益(或股东权益)：	—
长期待摊费用	35 768 000.00	实收资本(或股本)	1 000 000 000.00
递延所得税资产	2 985 000.00	盈余公积	41 866 500.00
非流动资产合计	1 810 845 000.00	未分配利润	170 552 600.00
		所有者权益合计	1 212 419 100.00
资产总计	2 565 479 100.00	负债和所有者权益总计	2 565 479 100.00

【分析】

（1）计算财务层面指标目标值与实际值，其中，销售量、营业收入、净利润的目标值与实际值可通过业务资源直接获取，其他指标所用数据在表 4-9 计算过程中体现。

表 4-9　财务层面指标计算过程　　单位：元

编号	指标名称	目标值	实际值
1	销售量	1 739 500.00	1 746 100.00
2	营业收入	12 437 520 000.00	12 457 561 620.00
3	营业收入增长率	(2018 年营业收入预计值－2017 年营业收入实际值)÷2017 年营业收入实际值＝(12 437 520 000.00－12 574 290 000.00)÷12 574 290 000.00＝－1.09%	(2018 年营业收入实际值－2017 年营业收入实际值)÷2017 年营业收入实际值＝(12 457 561 620.00－12 574 290 000.00)÷12 574 290 000.00＝－0.93%
4	毛利	2018 年预计营业收入－2018 年预计营业成本＝12 437 520 000.00－11 625 300 000.00＝812 220 000.00	2018 年营业收入－2018 年营业成本＝12 457 561 620.00－11 601 028 300.00＝856 533 320.00
5	单位毛利	毛利预计值÷预计销售量＝812 220 000.00÷1 739 500.0＝466.93	毛利÷销售量＝856 533 320.00÷1 746 100.00＝490.54
6	销售毛利率	2018 年销售毛利预计值÷2018 年营业收入预计值＝812 220 000.00÷12 437 520 000.00＝6.53%	2018 年毛利实际值÷2018 年营业收入＝856 533 320.00÷12 457 561 620.00＝6.88%
7	销售费用率	2018 年销售费用预计值÷2018 年营业收入预计值＝600 000 000.00÷12 437 520 000.00＝4.82%	2018 年销售费用实际值÷2018 年营业收入实际值＝589 641 000.00÷12 457 561 620.00＝4.73%
8	息税前利润	预计净利润＋预计所得税费用＋预计利息费用＝56 807 000.00＋14 000 000.00＋40 000 000.00＝110 807 000.00	净利润＋所得税费用＋利息费用＝88 816 320.00＋16 146 000.00＋43 000 000.00＝147 962 320.00
9	净利润	56 807 000.00	88 816 320.00
10	净利润增长率	(2018 年净利润预计值－2017 年净利润实际值)÷2017 年净利润实际值＝(56 807 000.00－105 769 000.00)÷105 769 000.00＝－46.29%	(2018 年净利润实际值－2017 年净利润实际值)÷2017 年净利润实际值＝(88 816 320.00－105 769 000.00)÷105 769 000.00＝－16.03%
11	净资产收益率	2018 年净利润预计值÷[(2018 年期初净资产合计实际值＋2018 年期末净资产合计预计值)/2]＝(56 807 000.00)÷[(1 181 422 200.00＋1 212 419 100.00)/2]＝4.75%	2018 年净利润÷[(2018 年期初净资产合计数＋2018 年期末净资产合计数)/2]＝88 816 320.00÷[(1 181 422 200.00＋1 238 507 820.00)/2]＝7.34%
12	流动比率	2018 年末预计流动资产合计÷2018 年末预计流动负债合计＝754 634 100.00÷418 936 000.00＝1.80	2018 年末流动资产÷2018 年末流动负债＝733 534 000.00÷426 038 180.00＝1.72

续表

编号	指标名称	目标值	实际值
13	速动比率	速动资产预计值÷2018年流动负债预计值=(754 634 100.00−502 635 000.00−23 459 000.00−574 000.00)÷418 936 000.00=227 966 100.00÷418 936 000.00=0.54	2018年速动资产÷2018年流动负债=(流动资产−存货−预付款项−一年内到期的非流动资产)÷2018年流动负债=(733 534 000.00−495 812 000.00−22 909 000.00−553 000.00)÷426 038 180.00=214 260 000.00÷426 038 180.00=0.50
14	资产负债率	2018年期末负债合计预算值÷2018年期末资产总计预算值=1 353 060 000.00÷2 565 479 100.00=52.74%	2018年期末负债合计数÷2018年期末资产总计数=1 316 038 180.00÷2 554 546 000.00=51.52%
15	总资产周转率	2018年营业收入预计值÷[(2018年期初资产总计实际值+2018年期末资产总计预算值)/2]=12 437 520 000.00÷[(2 325 844 000.00+2 565 479 100.00)/2]=5.09次	2018年营业收入÷[(2018年期初资产总计+2018年期末资产总计)/2]=12 457 561 620.00÷[(2 325 844 000.00+2 554 546 000.00)/2]=5.11次

（2）计算完成度

① 极性为正的指标：以销售量为例，指标完成度=实际值/目标值×100%=（1 746 100.00/1 739 500.00）×100%=100.38%。

② 极性为负的指标：以销售费用率为例，指标完成度=（2−实际值/目标值）×100%=（2−4.73%/4.82%）×100%=101.88%。

③ 如果目标值出现负数，则按以下规则计算完成度：完成情况优于预计情况，完成度按100%计；否则，完成度按0%计。营业收入增长率和净利润增长率完成情况优于预计情况，故完成度均为100%。

（3）计算单项得分，查询业务资源可知完成度对应分数。除常规方法外，还可插入IF函数，按照已知条件如图4-1所示设置，即可得出相应完成度对应分数。

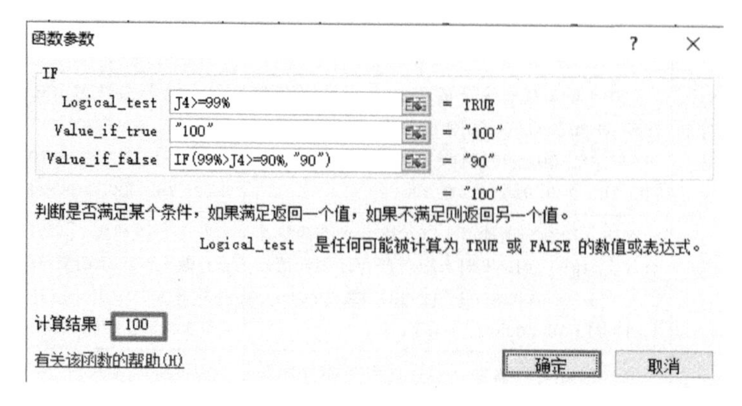

图4-1 IF函数的使用方法

（4）计算加权得分

① 项目加权得分＝Σ（单项得分×考核指标权重）＝Σ（100×10%＋100×10%＋100×10%＋100×10%＋100×5%＋100×5%＋100×15%＋100×5%＋100×15%＋100×5%＋100×10%）＝100。

② 当涉及两个以上数组的乘积之和时，上述计算过程可插入 SUMPRODUCT 函数进行计算，如图 4-2 所示。

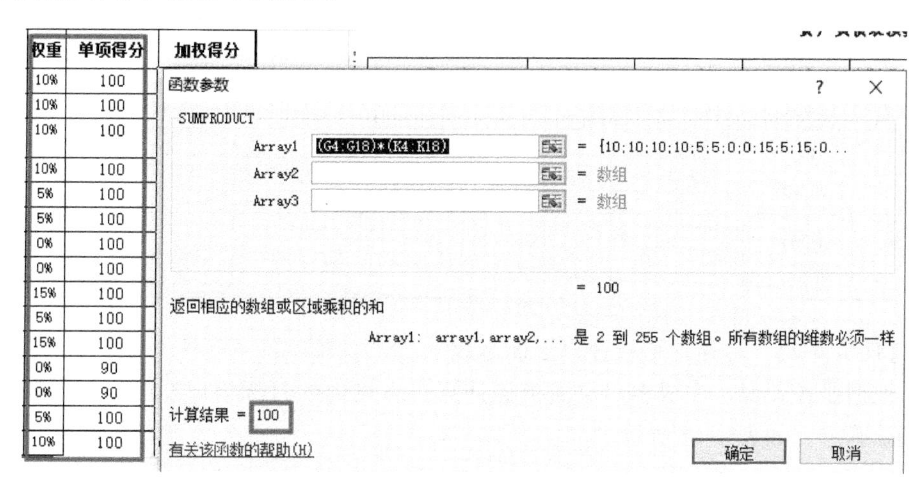

图 4-2　SUMPRODUCT 函数的使用方法

【计算结果】

计算结果如表 4-10 所示。

表 4-10　2018 年总经理绩效财务层面考核表答案

层面	编号	指标名称	计量单位	极性	权重	目标值	实际值	完成度	单项得分	加权得分
财务层面	1	销售量	吨	正	10%	1 739 500.00	1 746 100.00	100.38%	100.00	100.00
	2	营业收入	元	正	10%	12 437 520 000.00	12 457 561 620.00	100.16%	100.00	
	3	营业收入增长率	%	正	10%	−1.09%	−0.93%	100.00%	100.00	
	4	毛利	元	正	10%	812 220 000.00	856 533 320.00	105.46%	100.00	
	5	单位毛利	元/吨	正	5%	466.93	490.54	105.06%	100.00	
	6	销售毛利率	%	正	5%	6.53%	6.88%	105.29%	100.00	
	7	销售费用率	%	负	0%	4.82%	4.73%	101.88%	100.00	
	8	息税前利润	元	正	0%	110 807 000.00	147 962 320.00	133.53%	100.00	
	9	净利润	元	正	15%	56 807 000.00	88 816 320.00	156.35%	100.00	

续表

层面	编号	指标名称	计量单位	极性	权重	目标值	实际值	完成度	单项得分	加权得分
财务层面	10	净利润增长率	%	正	5%	−46.29%	−16.03%	100.00%	100.00	100.00
	11	净资产收益率	%	正	15%	4.75%	7.34%	154.66%	100.00	
	12	流动比率	1	正	0%	1.80	1.72	95.58%	90.00	
	13	速动比率	1	正	0%	0.54	0.50	92.42%	90.00	
	14	资产负债率	%	负	5%	52.74%	51.52%	102.32%	100.00	
	15	总资产周转率	次数	正	10%	5.09	5.11	100.39%	100.00	

【任务 4-2】 总经理绩效客户层面考核

根据业务资源，完成客户层面指标计算。表格内的目标值以 2018 年的预算值为基础确定。如表 4-11 所示。

表 4-11 2018 年总经理绩效客户层面考核表

层面	编号	指标名称	指标性质	计量单位	极性	权重	目标值	实际值	完成度	单项得分	加权得分
客户层面	1	成品油市场份额	考核指标	%	正	20%					
	2	销售方式 1:零售份额	关注指标	%	正	0%					
	3	销售方式 2:批发份额	关注指标	%	正	0%					
	4	销售品种 1:汽油份额	关注指标	%	正	0%					
	5	销售品种 2:柴油份额	关注指标	%	正	0%					
	6	IC 卡客户数量增长率	考核指标	%	正	10%					
	7	IC 卡客户交易额增长率	考核指标	%	正	10%					
	8	批发客户交易额增长率	考核指标	%	正	10%					
	9	大客户数量	考核指标	个	正	10%					
	10	大客户获利率	考核指标	%	正	10%					
	11	客户满意率	考核指标	%	正	20%					
	12	客户投诉次数	考核指标	次	负	10%					

【实践教学指导】

业务资源：

相关业务资源如表 4-12～表 4-14 所示。

表 4-12　客户层面指标

层面	编号	指标名称	指标性质	指标定义	计算公式	计量单位	极性	权重	计分方法
客户层面	1	成品油市场份额	考核指标	企业销售量在同市场同业务销售量中所占的比重	销售量/同市场同类业务全部销售量×100%	%	正	20%	一、完成度计算 极性为正的指标： 指标完成度＝实际值/目标值×100%；极性为负的指标： 指标完成度＝（2－实际值/目标值）×100%； 二、完成度对应分数完成度≥99%，100分；99%＞完成度≥90%，90分；90%＞完成度≥80%，80分；80%＞完成度≥70%，60分；70%＞完成度≥60%，50分；完成度＜60%，0分
	2	销售方式1：零售份额	关注指标	企业零售渠道销售量在市场同业务零售渠道销售量中所占的比重	零售量/同市场同类业务全部零售量×100%	%	正	0%	
	3	销售方式2：批发份额	关注指标	企业批发渠道销售量在市场同业务批发渠道销售量中所占的比重	批发量/同市场同类业务全部批发量×100%	%	正	0%	
	4	销售品种1：汽油份额	关注指标	企业汽油销售量在市场同业务汽油销售量中所占的比重	汽油销售量/同市场同类业务全部汽油销售量×100%	%	正	0%	
	5	销售品种2：柴油份额	关注指标	企业柴油销售量在市场同业务柴油销售量中所占的比重	柴油销售量/同市场同类业务全部柴油销售量×100%	%	正	0%	
	6	IC卡客户数量增长率	考核指标	企业本年IC用户数量比上年IC卡用户数量的涨幅	（本期IC卡客户数量－上期IC卡客户数量）/上期IC卡客户数量×100%	%	正	10%	
	7	IC卡客户交易额增长率	考核指标	本年客户IC卡交易金额比上年IC卡客户交易金额的涨幅	（本期IC卡客户交易额－上期IC卡客户交易额）/上期IC卡客户交易额×100%	%	正	10%	
	8	批发客户交易额增长率	考核指标	本年批发交易额比上年批发交易额的涨幅	（批发客户本期交易额－批发客户上期交易额）/批发客户上期交易额×100%	%	正	10%	
	9	大客户数量	考核指标	年采购5 000吨以上客户数量	销售额达到一定数额以上的客户的数	个	正	10%	
	10	大客户获利率	考核指标	企业从大客户（年采购5 000吨）获利情况	大客户利润/大客户收入×100%	%	正	10%	
	11	客户满意率	考核指标	客户的满意情况	客户调查满意的数量/受调查的客户	%	正	20%	
	12	客户投诉次数	考核指标	客户投诉的次数	客户投诉的次数	次	负	10%	

表 4-13 成品油销售统计表 单位：吨

项目	市场销售量	本公司 2018 年预计	本公司 2018 年实际
成品油总量	11 000 000.00	1 727 800.00	1 734 300.00
销售方式 1:零售	7 000 000.00	1 254 800.00	1 267 100.00
销售方式 2:批发	4 000 000.00	473 000.00	467 200.00
销售品种 1:汽油	3 000 000.00	468 500.00	456 800.00
销售品种 2:柴油	8 000 000.00	1 259 300.00	1 277 500.00

注:假定 2017—2019 年成品油市场总销售量基本保持不变。

表 4-14 市场关键指标对比表

项目	2017 年实际	2018 年预计	2018 年实际
IC 卡客户数量/客户数	15 425	17 000	16 753
IC 卡客户交易额/元	1 455 568 000.00	1 656 336 000.00	1 600 888 000.00
批发客户交易额/元	2 832 010 000.00	3 075 300 000.00	3 043 211 620.00
大客户数量/客户数	52	70	65
大客户收入/元	3 128 320 000.00	4 390 400 000.00	4 113 200 000.00
大客户利润/元	315 960 320.00	474 163 200.00	431 886 000.00
客户满意率	88%	95%	92%
客户投诉次数/次	420	300	342

【分析】

(1) 计算客户层面各项指标目标值与实际值（表 4-15）其中大客户数量、客户满意率、客户投诉次数通过表 4-14 直接获得。

表 4-15 客户层面指标计算过程

编号	指标名称	目标值	实际值
1	成品油市场份额	本公司 2018 年预计销售量÷同市场同类业务全部销售量 =1 727 800.00÷11 000 000.00=15.71%	本公司 2018 年实际销售量÷同市场同类业务全部销售量 =1 734 300.00÷11 000 000.00=15.77%
2	销售方式 1:零售份额	本公司 2018 年预计零售销售量÷同市场同类业务零售销售量 =1 254 800.00÷7 000 000.00=17.93%	本公司 2018 年实际零售销售量÷同市场同类业务零售销售量 =1 267 100.00÷7 000 000.00=18.10%
3	销售方式 2:批发份额	本公司 2018 年预计批发销售量÷同市场同类业务批发销售量 =473 000.00÷4 000 000.00=11.83%	本公司 2018 年实际批发销售量÷同市场同类业务批发销售量 =467 200.00÷4 000 000.00=11.68%
4	销售品种 1:汽油份额	本公司 2018 年预计汽油销售量÷汽油市场销售量 =468 500.00÷3 000 000.00=15.62%	本公司 2018 年实际汽油销售量÷汽油市场销售量 =456 800.00÷3 000 000.00=15.23%

续表

编号	指标名称	目标值	实际值
5	销售品种 2:柴油份额	本公司 2018 年预计柴油销售量÷柴油市场销售量 =1 259 300.00÷8 000 000.00=15.74%	本公司 2018 年实际柴油销售量÷柴油市场销售量= 1 277 500.00÷8 000 000.00=15.97%
6	IC 卡客户数量增长率	(2018 年 IC 卡客户数量预计值−2017 年 IC 卡客户数量实际值)÷2017 年 IC 卡客户数量实际值 =(17 000−15 425)÷15 425=10.21%	(2018 年 IC 卡客户数量实际值−2017 年 IC 卡客户数量实际值)÷2017 年 IC 卡客户数量实际值 =(16 753−15 425)÷15 425=8.61%
7	IC 卡客户交易额增长率	(2018 年 IC 卡客户交易额预计值−2017 年 IC 卡客户交易额实际值)÷2017 年 IC 卡客户交易额实际值 =(1 656 336 000.00−1 455 568 000.00)÷1 455 568 000.00=13.79%	(2018 年 IC 卡客户交易额实际值−2017 年 IC 卡客户交易额实际值)÷2017 年 IC 卡客户交易额实际值 =(1 600 888 000.00−1 455 568 000.00)÷1 455 568 000.00=9.98%
8	批发客户交易额增长率	(2018 年批发客户交易额预计值−2017 年批发客户交易额实际值)÷2017 年批发客户交易额实际值 =(3 075 300 000.00−2 832 010 000.00)÷2 832 010 000.00=8.59%	(2018 年批发客户交易额实际值−2017 年批发客户交易额实际值)÷2017 年批发客户交易额实际值=(3 043 211 620.00−2 832 010 000.00)÷2 832 010 000.00=7.46%
9	大客户数量	70	65
10	大客户获利率	2018 年大客户预计利润÷2018 年大客户预计收入 =474 163 200.00÷4 390 400 000.00=10.80%	2018 年大客户实际利润÷2018 年大客户实际收入 =431 886 000.00÷4 113 200 000.00=10.50%
11	客户满意率	95.00%	92.00%
12	客户投诉次数	300.00	342.00

(2) 计算完成度

① 极性为正的指标：以成品油市场份额为例，指标完成度=实际值/目标值×100%=(15.77%/15.71%)×100%=100.38%。

② 极性为负的指标：客户投诉次数指标完成度=(2−实际值/目标值)×100%=(2−342/300)×100%=86.00%。

(3) 计算单项得分，查询业务资源可知完成度对应分数。除常规方法外，还可插入 IF 函数，按照已知条件如图 4-3 设置，即可得出相应完成度对应分数。

(4) 计算加权得分

① 项目加权得分=Σ(单项得分×考核指标权重)=Σ(100×20%+80×10%+60×10%+80×10%+90×10%+90×10%+90×20%+80×10%)=86.00。

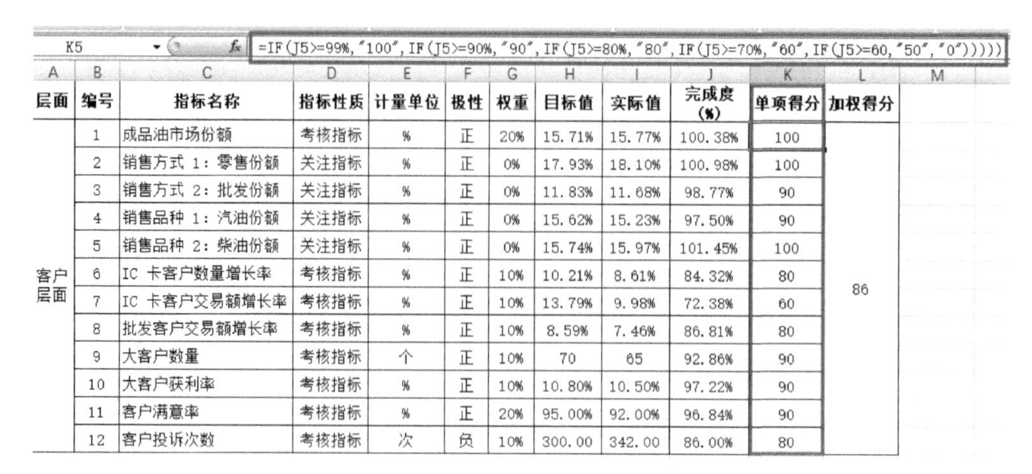

K5 =IF(J5>=99%,"100",IF(J5>=90%,"90",IF(J5>=80%,"80",IF(J5>=70%,"60",IF(J5>=60,"50","0")))))

层面	编号	指标名称	指标性质	计量单位	极性	权重	目标值	实际值	完成度(%)	单项得分	加权得分
客户层面	1	成品油市场份额	考核指标	%	正	20%	15.71%	15.77%	100.38%	100	86
	2	销售方式 1：零售份额	关注指标	%	正	0%	17.93%	18.10%	100.98%	100	
	3	销售方式 2：批发份额	关注指标	%	正	0%	11.83%	11.68%	98.77%	90	
	4	销售品种 1：汽油份额	关注指标	%	正	0%	15.62%	15.23%	97.50%	90	
	5	销售品种 2：柴油份额	关注指标	%	正	0%	15.74%	15.97%	101.45%	100	
	6	IC 卡客户数量增长率	考核指标	%	正	10%	10.21%	8.61%	84.32%	80	
	7	IC 卡客户交易额增长率	考核指标	%	正	10%	13.79%	9.98%	72.38%	60	
	8	批发客户交易额增长率	考核指标	%	正	10%	8.59%	7.46%	86.81%	80	
	9	大客户数量	考核指标	个	正	10%	70	65	92.86%	90	
	10	大客户获利率	考核指标	%	正	10%	10.80%	10.50%	97.22%	90	
	11	客户满意率	考核指标	%	正	20%	95.00%	92.00%	96.84%	90	
	12	客户投诉次数	考核指标	次	负	10%	300.00	342.00	86.00%	80	

图 4-3 IF 函数使用方法

② 当涉及两个以上数组的乘积之和时，上述计算过程可参照任务 4-1 插入 SUMPRODUCT 函数进行计算。

【计算结果】

计算结果如表 4-16 所示。

表 4-16 2018 年总经理绩效客户层面考核表答案

层面	编号	指标名称	指标性质	计量单位	极性	权重	目标值	实际值	完成度	单项得分	加权得分
客户层面	1	成品油市场份额	考核指标	%	正	20%	15.71%	15.77%	100.38%	100.00	86.00
	2	销售方式 1:零售份额	关注指标	%	正	0%	17.93%	18.10%	100.98%	100.00	
	3	销售方式 2:批发份额	关注指标	%	正	0%	11.83%	11.68%	98.77%	90.00	
	4	销售品种 1:汽油份额	关注指标	%	正	0%	15.62%	15.23%	97.50%	90.00	
	5	销售品种 2:柴油份额	关注指标	%	正	0%	15.74%	15.97%	101.45%	100.00	
	6	IC 卡客户数量增长率	考核指标	%	正	10%	10.21%	8.61%	84.32%	80.00	
	7	IC 卡客户交易额增长率	考核指标	%	正	10%	13.79%	9.98%	72.38%	60.00	
	8	批发客户交易额增长率	考核指标	%	正	10%	8.59%	7.46%	86.81%	80.00	
	9	大客户数量	考核指标	个	正	10%	70	65	92.86%	90.00	
	10	大客户获利率	考核指标	%	正	10%	10.80%	10.50%	97.22%	90.00	
	11	客户满意率	考核指标	%	正	20%	95.00%	92.00%	96.84%	90.00	
	12	客户投诉次数	考核指标	次	负	10%	300.00	342.00	86.00%	80.00	

【任务 4-3】 总经理绩效内部流程层面考核

根据本任务和【任务 4-1】业务资源，完成内部流程层面指标计算（表 4-17）。表格（表 4-18）内的目标值以 2018 年的预算值为基础确定。

表 4-17 内部流程层面指标

层面	编号	指标名称	指标性质	指标定义	计算公式	计量单位	极性	权重	计分方法
内部流程层面	1	产品抽检合格率	考核指标	检测油品质量	抽检产品合格次数/抽检产品总次数×100%	%	正	10%	一、完成度计算 极性为正的指标： 指标完成度=实际值/目标值×100%；极性为负的指标： 指标完成度=(2-实际值/目标值)×100%； 二、完成度对应分数 完成度≥99%，100分； 99%>完成度≥90%，90分； 90%>完成度≥80%，80分； 80%>完成度≥70%，60分； 70%>完成度≥60%，50分； 完成度<60%，0分
	2	存货周转率	考核指标	企业一定时期内存货的周转效率	营业收入/[(期初存货+期末存货)÷2]	次	正	12%	
	3	吨油损耗	考核指标	油库储存损耗量	损耗量/销售量×100%	%	负	5%	
	4	采购计划完成率	考核指标	检测采购部门采购计划的完成情况	当期采购实际完成数/当期预算采购数量×100%	%	正	10%	
	5	采购资金计划准确率	考核指标	检测采购供应部门的采购资金使用情况	当期实际采购金额/当期计划采购金额×100%	%	正	10%	
	6	总库存金额	考核指标	公司的库存商品金额控制	年底库存产品按入库成本价格计算的总金额	元	正	12%	
	7	总库存数量	考核指标	公司的库存量情况	年底全部库存产品数量	吨	正	12%	
	8	库存合理水平	考核指标	实际库存或合理库存	库存量	吨	负	8%	
	9	采购到货及时率	考核指标	检查到货及时情况	规定时间订单次数/实际订单次数×100%	%	正	8%	
	10	设备故障率	考核指标	设备发生故障停用时间占比	[(停机等待时间+维修时间)/计划使用总时间]×100%	%	负	8%	
	11	安全检查平均得分	考核指标	生产安全部门进行的安全检查得分	生产安全部门进行的安全检查得分	分数	正	5%	

表 4-18 2018 年总经理绩效内部流程层面考核表

层面	编号	指标名称	指标性质	计量单位	极性	权重	目标值	实际值	完成度	单项得分	加权得分
客户层面	1	产品抽检合格率	考核指标	%	正	10%	100%	98.75%			
	2	存货周转率	考核指标	次	正	12%					
	3	吨油损耗	考核指标	%	负	5%	0.30%	0.36%			
	4	采购计划完成率	考核指标	%	正	10%	100%				
	5	采购资金计划准确率	考核指标	%	正	10%	100%				
	6	总库存金额	考核指标	元	正	12%					
	7	总库存数量	考核指标	吨	正	12%					
	8	库存合理水平	考核指标	吨	负	8%	68 000				
	9	采购到货及时率	考核指标	%	正	8%	100%	98%			
	10	设备故障率	考核指标	%	负	8%	0.50%	0.60%			
	11	安全检查平均得分	考核指标	分数	正	5%	100	95			

【实践教学指导】

业务资源：

相关业务资源如表 4-18、表 4-19 所示。

表 4-19 2018 年商品进销存实际和预计发生额

项目	年初库存		累计进货		累计销售		年末库存	
	数量/吨	成本金额/元	数量/吨	成本金额/元	数量/吨	成本金额/元	数量/吨	成本金额/元
实际数	63 700	472 446 000	1 756 380	11 624 394 300	1 746 100	11 601 028 300	73 980	495 812 000
预计数	63 700	467 723 000	1 748 827	11 660 212 000	1 739 500	11 625 300 000	73 027	502 635 000

【分析】

（1）计算内部流程层面各项指标目标值与实际值。如表 4-20 所示。

表 4-20 2018 年总经理绩效内部流程层面考核计算过程

编号	指标名称	目标值	实际值
1	产品抽检合格率	100%(已知)	98.75%(已知)
2	存货周转率	2018 年营业收入预算值÷[(2018 年期初存货实际值+2018 年期末存货预算值)/2] =12 437 520 000.00÷[(472 446 000.00+502 635 000.00)/2]=25.51 次	2018 年营业收入实际值÷[(2018 年期初存货实际值+2018 年期末存货实际值)/2]= 12 457 561 620.00÷[(472 446 000.00+495 812 000.00)/2]=25.73 次
3	吨油损耗	0.30%(已知)	0.36%(已知)

续表

编号	指标名称	目标值	实际值
4	采购计划完成率	100%(已知)	2018年采购实际完成数量÷2018年采购预计完成数量=1 756 380.00÷1 748 827.18=100.43%
5	采购资金计划准确率	100%(已知)	2018年实际采购金额÷2018年计划采购金额=11 624 394 300.00÷11 660 212 000.00=99.69%
6	总库存金额	502 635 000.00	495 812 000.00
7	总库存数量	73 027.18	73 980.00
8	库存合理水平	68 000(已知)	73 980.00
9	采购到货及时率	100%(已知)	98%(已知)
10	设备故障率	0.50%(已知)	0.60%(已知)
11	安全检查平均得分	100(已知)	95(已知)

(2) 计算完成度

① 极性为正的指标：以产品抽检合格率为例，指标完成度=实际值/目标值×100%=(98.75%/100%)×100%=98.75%。

② 极性为负的指标：以吨油损耗为例，指标完成度=(2-实际值/目标值)×100%=(2-0.36%/0.30%)×100%=80.00%。

(3) 计算单项得分，查询表4-18可知完成度对应分数。除常规方法外，还可参照任务4-2插入IF函数进行计算。

(4) 计算加权得分

① 项目加权得分=Σ(单项得分×指标权重)=Σ(90×10%+100×12%+80×5%+100×10%+100×10%+90×12%+100×12%+90×8%+90×8%+80×8%+90×5%)=93.10。

② 当涉及两个以上数组的乘积之和时，上述计算过程可参照任务4-1插入SUMPRODUCT函数进行计算。

【计算结果】

计算结果如表4-21所示。

【任务4-4】 总经理绩效学习与成长层面考核

根据本任务和【任务4-1】业务资源，完成学习与成长层面指标计算。表格内(表4-22)的目标值以2018年的预算值为基础确定。

表 4-21 2018 年总经理绩效内部流程层面考核表答案

层面	编号	指标名称	计量单位	极性	权重	目标值	实际值	完成度	单项得分	加权得分
内部流程层面	1	产品抽检合格率	%	正	10%	100%	98.75%	98.75%	90.00	93.10
	2	存货周转率	次	正	12%	25.51	25.73	100.87%	100.00	
	3	吨油损耗	%	负	5%	0.30%	0.36%	80.00%	80.00	
	4	采购计划完成率	%	正	10%	100%	100.43%	100.43%	100.00	
	5	采购资金计划准确率	%	正	10%	100%	99.69%	99.69%	100.00	
	6	总库存金额	元	正	12%	502 635 000.00	495 812 000.00	98.64%	90.00	
	7	总库存数量	吨	正	12%	73 027.18	73 980.00	101.30%	100.00	
	8	库存合理水平	吨	负	8%	68 000	73 980.00	91.21%	90.00	
	9	采购到货及时率	%	正	8%	100%	98%	98.00%	90.00	
	10	设备故障率	%	负	8%	0.50%	0.60%	80.00%	80.00	
	11	安全检查平均得分	分数	正	5%	100	95	95.00%	90.00	

表 4-22 2018 年总经理绩效学习与成长层面考核表

层面	编号	指标名称	指标性质	计量单位	极性	权重	目标值	实际值	完成度	单项得分	加权得分
学习与成长层面	1	人均劳效	考核指标	元	正	15%					
	2	员工增加率	考核指标	%	正	12%					
	3	员工流失率	关注指标	%	负	6%					
	4	招聘完成率	考核指标	%	正	9%	100%				
	5	员工教育结构比例	考核指标	%	正	8%					
	6	平均工资增加率	考核指标	%	正	10%	8%	10%			
	7	薪酬总量计划完成率	考核指标	%	正	8%	100%	110%			
	8	培训计划完成次数	考核指标	次数	正	12%	450	410			
	9	技能认证合格率	考核指标	%	正	10%	90%	86%			
	10	职工教育经费支出	考核指标	元	正	10%					
	11	其中:普通员工集体培训与技能学习	关注指标	元	正	0%	1 236 016	1 058 657			
	12	高管培训与学习	关注指标	元	正	0%	83 600	65 200			

【实践教学指导】

业务资源：

相关业务资源如表 4-23、表 4-24 所示。

表 4-23 学习成长层面指标

层面	编号	指标名称	指标性质	指标定义	计算公式	计量单位	极性	权重	计分方法
学习与成长层面	1	人均劳效	考核指标	企业一定时期内员工创造销售收入的能力	本期营业收入/本期员工人数	元	正	15%	一、完成度计算 极性为正的指标： 指标完成度＝实际值/目标值×100%；极性为负的指标： 指标完成度＝(2－实际值/目标值)×100%； 二、完成度对应分数完成度≥99%，100 分；99%＞完成度≥90%，90 分；90%＞完成度≥80%，80 分；80%＞完成度≥70%，60 分；70%＞完成度≥60%，50 分；完成度＜60%，0 分
	2	员工增加率	考核指标	员工增加情况	(本期员工数－上期员工数)/上期员工数×100%	%	正	12%	
	3	员工流失率	关注指标	企业一定时期内员工的稳定程度	本期离职员人数量/本期员工人数×100%	%	负	6%	
	4	招聘完成率	考核指标	人力部门招聘新员工情况	本年实际入职人数/计划招聘人数×100%	%	正	9%	
	5	员工教育结构比例	考核指标	员工大专本科及以上教育情况占比	员工大专本科及以上人数/总员工人数×100%	%	正	8%	
	6	平均工资增加率	考核指标	员工工资增长情况	(本期员工平均工资—上期员工平均工资)/上期员工平均工资×100%	%	正	10%	
	7	薪酬总量计划完成率	考核指标	薪酬计划完成情况	本年度实际发放的薪酬总额/计划预算总额×100%	%	正	8%	
	8	培训计划完成次数	考核指标	培训计划完成次数	培训计划完成次数	次数	正	12%	
	9	技能认证合格率	考核指标	员工技能证书取得情况	已取得证书员工数/技术人员总数×100%	%	正	10%	
	10	职工教育经费支出	考核指标	职工教育经费花费情况	职工教育经费花费情况	元	正	10%	
	11	其中：普通员工集体培训与技能学习	关注指标	普通员工职工教育经费花费情况	普通员工职工教育经费花费情况	元	正	0%	
	12	高管培训与学习	关注指标	高管职工教育经费花费情况	高管职工教育经费花费情况	元	正	0%	

表 4-24 员工人数、学历、教育经费金额统计表 单位：人

项目		实际统计		预算情况
		2017 年	2018 年	2018 年
员工人数	上期员工总数	3 800	3 940	3 940
	当期新入职员工总数	220	280	260
	当期离职员工总数	80	120	80
	当期员工总数	3 940	4 100	4 120
学历教育	研究生及以上	104	114	110
	大专/本科学历	1 121	1 265	1 250
	高中/中专	2 085	2 139	2 150
	高中/中专以下	630	582	610
	合计	3 940	4 100	4 120
2018 年职工教育经费情况统计/元			1 319 616	1 123 857

【分析】

(1) 计算内部流程层面各项指标目标值与实际值（表 4-25）。

表 4-25 2018 年总经理绩效学习成长层面考核计算过程

编号	指标名称	目标值	实际值
1	人均劳效	2018 年营业收入预计值÷2018 年员工预计人数＝12 437 520 000.00÷4 120＝3 018 815.53	2018 年营业收入实际值÷2018 年员工实际人数＝12 457 561 620.00÷4 100＝3 038 429.66
2	员工增加率	(2018 年员工预计人数－2017 年员工实际人数)÷2017 年员工实际人数＝(4 120－3 940)÷3 940＝4.57%	(2018 年员工实际人数－2017 年员工实际人数)÷2017 年员工实际人数＝(4 100－3 940)÷3 940＝4.06%
3	员工流失率	2018 年预计离职人员数量÷2018 年员工预计人数＝80÷4 120＝1.94%	2018 年实际离职人员数量÷2018 年员工实际人数＝120÷4 100＝2.93%
4	招聘完成率	100%(已知)	2018 年实际入职人数÷2018 年计划招聘人数＝280÷260＝107.69%
5	员工教育结构比例	2018 年员工大专本科及以上预计人数÷2018 年员工预计人数＝(110＋1 250)÷4 120＝33.01%	2018 年员工大专本科及以上实际人数÷2018 年员工实际人数＝(114＋1 265)÷4 100＝33.63%
6	平均工资增加率	8%(已知)	10%(已知)
7	薪酬总量计划完成率	100%(已知)	110%(已知)
8	培训计划完成次数	450(已知)	410(已知)
9	技能认证合格率	90%(已知)	86%(已知)
10	职工教育经费支出	1 319 616.00	1 123 857.00
11	其中：普通员工集体培训与技能学习	1 236 016(已知)	1 058 657(已知)
12	高管培训与学习	83 600(已知)	65 200(已知)

（2）计算完成度

① 极性为正的指标：以人均劳效为例，指标完成度=实际值/目标值×100%=(3 038 429.66/3 018 815.53)×100%=100.65%。

② 极性为负的指标：员工流失率指标完成度=(2−实际值/目标值)×100%=(2−2.93%/1.94%)×100%=49.27%。

（3）计算单项得分，查询表 4-23 可知完成度对应分数。除常规方法外，还可参照任务 4-2 插入 IF 函数进行计算。

（4）计算加权得分

① 项目加权得分=∑（单项得分×指标权重）=∑（100×15%+80×12%+100×9%+100×8%+100×10%+100×8%+90×12%+90×10%+80×10%）=87.40。

② 当涉及两个以上数组的乘积之和时，上述计算过程可参照任务 4-1 插入 SUMPRODUCT 函数进行计算。

【计算结果】

计算结果如表 4-26 所示。

表 4-26　2018 年总经理绩效学习成长层面考核表答案

层面	编号	指标名称	指标性质	计量单位	极性	权重	目标值	实际值	完成度	单项得分	加权得分
学习与成长层面	1	人均劳效	考核指标	元	正	15%	3 018 815.53	3 038 429.66	100.65%	100.00	87.40
	2	员工增加率	考核指标	%	正	12%	4.57%	4.06%	88.89%	80.00	
	3	员工流失率	关注指标	%	负	6%	1.94%	2.93%	49.27%	0.00	
	4	招聘完成率	考核指标	%	正	9%	100%	107.69%	107.69%	100.00	
	5	员工教育结构比例	考核指标	%	正	8%	33.01%	33.63%	101.89%	100.00	
	6	平均工资增加率	考核指标	%	正	10%	8%	10%	125.00%	100.00	
	7	薪酬总量计划完成率	考核指标	%	正	8%	100%	110%	110.00%	100.00	
	8	培训计划完成次数	考核指标	次数	正	12%	450	410	91.11%	90.00	
	9	技能认证合格率	考核指标	%	正	10%	90%	86%	95.56%	90.00	
	10	职工教育经费支出	考核指标	元	正	10%	1 319 616.00	1 123 857.00	85.17%	80.00	
	11	其中：普通员工集体培训与技能学习	关注指标	元	正	0%	1 236 016	1 058 657	85.65%	80.00	
	12	高管培训与学习	关注指标	元	正	0%	83 600	65 200	77.99%	60.00	

【任务 4-5】 总经理业绩评价

承【任务 4-1】【任务 4-2】【任务 4-3】【任务 4-4】，根据业务资源和已完成任务，完成总经理绩效评价表（表 4-27）。

表 4-27 总经理业绩评价表

受约人职位	总经理	发约人职位	董事长	合同期限	3 年
受约人姓名	张华	发约人姓名	王波	年薪	70 万元(月固定发放比例:60%)
主要岗位职责					
(1)负责主持公司生产经营全面管理工作,负责将生产经营结果向董事会汇报; (2)负责组织公司年度经营计划和投资计划,并将执行结果向董事会汇报; (3)负责依据董事会授权的权限组织制定公司内部管理机构设置方案,并报董事会备案; (4)负责组织制定公司管理制度,并报董事会备案; (5)负责提请聘任或者解聘公司副经理、财务负责人,并报董事会审批后执行; (6)负责签发公司员工聘任、解聘、奖励、处罚和辞退的决议; (7)负责组织公司年度预算、决算方案和利润分配方案制定,并股东大会审批; (8)行使董事会授权的其他相关权利。					
序号	层面	权重	目标得分	实际得分	加权得分
1	财务层面	40%	100.00		
2	客户层面	30%	100.00		
3	内部流程	15%	100.00		
4	学习成长	15%	100.00		
其他加减分调整:	无				
分数合计:					
年度收入/元:					
固定工资/元:					
年底绩效/元:					
受约人签字:	—				
发约人签字:	—				

【实践教学指导】

业务资源：

(1) 业绩目标分配、确认表（表 4-28）

表 4-28 总经理业绩确认表

<table>
<tr><td>受约人职位</td><td>总经理</td><td>发约人职位</td><td>董事长</td><td>合同期限</td><td>3 年</td></tr>
<tr><td>受约人姓名</td><td>张华</td><td>发约人姓名</td><td>王波</td><td>年薪</td><td>70 万元(固定发放比例:60%)</td></tr>
<tr><td colspan="6">主要岗位职责</td></tr>
<tr><td colspan="6">(1)负责主持公司生产经营全面管理工作,负责将生产经营结果向董事会汇报;
(2)负责组织公司年度经营计划和投资计划,并将执行结果向董事会汇报;
(3)负责依据董事会授权的权限组织制定公司内部管理机构设置方案,并报董事会备案;
(4)负责组织制定公司管理制度,并报董事会备案;
(5)负责提请聘任或者解聘公司副经理、财务负责人,并报董事会审批后执行;
(6)负责签发公司员工聘任、解聘、奖励、处罚和辞退的决议;
(7)负责组织公司年度预算、决算方案和利润分配方案制定,并股东大会审批;
(8)行使董事会授权的其他相关权利。</td></tr>
<tr><td>指标</td><td colspan="3">权重</td><td colspan="2">目标得分</td></tr>
<tr><td>财务层面指标</td><td colspan="3">40%</td><td colspan="2">100</td></tr>
<tr><td>客户层面指标</td><td colspan="3">30%</td><td colspan="2">100</td></tr>
<tr><td>内部流程层面</td><td colspan="3">15%</td><td colspan="2">100</td></tr>
<tr><td>学习成长层面</td><td colspan="3">15%</td><td colspan="2">100</td></tr>
<tr><td>分数合计:</td><td colspan="5">100</td></tr>
<tr><td>指标分配签字确认</td><td>发约人</td><td>王波</td><td>受约人</td><td colspan="2">张华</td></tr>
<tr><td>结果沟通签字确认</td><td>发约人</td><td>王波</td><td>受约人</td><td colspan="2">张华</td></tr>
</table>

(2) 年度收入计划规则

总经理年度收入由合同年薪和绩效考核得分共同确定。计算方法如下。

年度收入=年固定工资+年底绩效;年固定工资=合同年薪×固定发放比例;年底绩效=合同年薪×(考核得分−30)/70−年固定工资。如年底绩效计算的结果小于0,则按0计。

【分析】

(1) 总经理绩效指标实际值来源于已完成的任务 4-1。

(2) 计算加权得分

加权得分=Σ(实际得分×权重)=Σ(100×40%+86.00×30%+93.10×15%+87.40×15%)=92.88

(3) 计算工资

固定工资=合同年薪×固定发放比例=700 000×60%=420 000(元);

年底绩效=合同年薪×(考核得分−30)/70−年固定工资=700 000×(92.88−30)/70−420 000=208 750(元);

年度收入＝固定工资＋年底绩效＝420 000＋208 750＝628 750（元）。

【计算结果】

计算结果如表4-29所示。

表4-29 总经理业绩评价表答案

受约人职位	总经理	发约人职位	董事长	合同期限	3年
受约人姓名	张华	发约人姓名	王波	年薪	70万元(月固定发放比例:60%)
主要岗位职责(略)					
序号	层面	权重	目标得分	实际得分	加权得分
1	财务层面	40%	100	100.000	40.00
2	客户层面	30%	100	86.000	25.80
3	内部流程	15%	100	93.100	13.97
4	学习成长	15%	100	87.400	13.11
其他加减分调整:	无				
分数合计:	92.88				
年度收入/元:	628 750.00				
固定工资/元:	420 000.00				
年底绩效/元:	208 750.00				
受约人签字:	—				
发约人签字:	—				

二、经济增加值

经济增加值，是指税后净营业利润扣除全部投入资本成本后的剩余收益。计算公式：经济增加值＝税后净营业利润－平均资本占用×加权平均资本成本。

【任务4-6】 经济增加值计算

根据业务资源，完成经济增加值计算表（表4-30）。

表4-30 经济增加值计算表 单位：元

指标名称	2020年	2019年
税前营业利润		
减:税前营业利润所得税		
税后净营业利润		
减:资本成本		
平均资本占用		
加权平均资本成本		
经济增加值		

计算说明：

（1）平均资本占用为平均带息负债和平均所有者权益合计。

（2）表中的税前营业利润指的是息税前利润。

（3）适用的所得税税率为 25%。

（4）2019 年与 2020 年加权平均资本成本相同，均为 9%。

【实践教学指导】

业务资源：

相关业务资源如表 4-31、表 4-32 所示。

表 4-31　利润表简表　单位：元

项目	2020 年	2019 年
一、营业收入	11 405 929 068.00	11 341 907 221.68
减：营业成本	8 906 144 474.57	9 001 738 383.74
税金及附加	127 746 405.56	127 029 360.88
销售费用	1 683 227 453.68	1 354 820 001.50
管理费用	256 314 443.02	392 466 472.64
研发费用	530 000	470 000
财务费用	6 956 684.50	6 378 058.10
其中：利息费用	7 648 660.10	7 081 800.00
利息收入	1 221 975.60	1 173 741.90
汇兑净损失（净收益以“－”号填列）	6 426 684.5	5 908 058.1
二、营业利润（亏损以“－”号填列）	425 539 606.67	459 474 944.82
三、利润总额（亏损总额以“－”号填列）	425 539 606.67	459 474 944.82
减：所得税费用	106 384 901.67	114 868 736.21
四、净利润（净亏损以“－”号填列）	319 154 705.00	344 606 208.61

表 4-32　资产负债表部分内容　单位：元

负债和所有者权益（或股东权益）	2020 年	2019 年	2018 年
流动负债：	—	—	—
短期借款	51 970 000.00	0	0
应付账款	1 751 615 000.00	1 675 701 200.00	1 606 747 200.00
预收款项	83 657 500.00	108 371 000.00	115 316 400.00
应付职工薪酬	38 621 000.00	33 060 000.00	26 133 000.00
其中：应付工资	35 700 000.00	29 870 000.00	23 443 000.00
应交税费	33 480 000.00	40 805 000.00	29 222 000.00

续表

负债和所有者权益(或股东权益)	2020年	2019年	2018年
其中:应交税金	33 480 000.00	40 805 000.00	29 222 000.00
其他应付款	33 527 000.00	20 440 500.00	12 688 900.00
流动负债合计	1 992 870 500.00	1 878 377 700.00	1 790 107 500.00
非流动负债:	—	—	—
长期借款	94 249 000.00	103 000 000.00	119 000 000.00
非流动负债合计	94 249 000.00	103 000 000.00	119 000 000.00
负债合计	2 087 119 500.00	1 981 377 700.00	1 909 107 500.00
所有者权益(或股东权益):			
实收资本(或股本)	1 000 000 000.00	1 000 000 000.00	1 000 000 000.00
盈余公积	107 852 091.36	75 936 620.86	41 476 000.00
其中:法定盈余公积	107 852 091.36	75 936 620.86	41 476 000.00
未分配利润	857 569 822.25	570 330 587.75	260 185 000.00
所有者权益(或股东权益)合计	1 965 421 913.61	1 646 267 208.61	1 301 661 000.00

【分析】

以2020年为例:

(1) 根据已知条件及业务资源中的利润表,税前营业利润指息税前利润,2020年税前营业利润=2020年净利润+2020年所得税费用+2020年利息费用=31 915 4705.00+106 384 901.67+7 648 660.10=433 188 266.77(元);

(2) 2020年税前营业利润所得税=2020年税前营业利润×25%=433 188 266.77×25%=108 297 066.69(元);

(3) 2020年税后净营业利润=2020年税前营业利润-2020年税前营业利润所得税=433 188 266.77-108 297 066.69=324 891 200.08(元);

(4) 根据已知条件及资产负债表,平均资本占用为平均带息负债和平均所有者权益合计。2020年平均资本占用=2020年平均短期借款余额+2020年平均长期借款余额+2020年平均所有者权益合计=(51 970 000.00+0)/2+(94 249 000.00+103 000 000.00)/2+(1 965 421 913.61+1 646 267 208.61)/2=1 930 454 061.11(元);

(5) 2020年资本成本=2020年平均资本占用×2020年加权平均资本成本=1 930 454 061.11×9%=173 740 865.50(元);

(6) 2020年经济增加值=2020年税后净营业利润-2020年资本成本=324 891 200.08-173 740 865.50=151 150 334.58(元)。

【计算结果】

计算结果如表4-33所示。

表 4-33　经济增加值计算表　　单位：元

指标名称	2020 年	2019 年
税前营业利润	433 188 266.77	466 556 744.82
减:税前营业利润所得税	108 297 066.69	116 639 186.21
税后净营业利润	324 891 200.08	349 917 558.62
减:资本成本	173 740 865.50	142 646 769.39
平均资本占用	1 930 454 061.11	1 584 964 104.31
加权平均资本成本	9%	9%
经济增加值	151 150 334.58	207 270 789.23

三、关键绩效指标法

关键绩效指标法是指基于企业战略目标，通过建立关键绩效指标体系，将价值创造活动与战略规划目标有效联系，并据此进行绩效管理的方法。

关键绩效指标法的应用程序如下：

(1) 构建关键绩效指标体系

(2) 关键绩效指标的分类

企业的关键绩效指标分为结果类和动因类两大类。

(3) 关键绩效指标权重的设定

关键绩效指标权重分配应以企业战略目标为导向，反映被评价对象对企业价值贡献或支持的程度，以及各指标之间的重要性水平。

(4) 确定关键绩效指标目标值

①行业标准或竞争对手标准；②企业内部标准；③企业历史经验值。

【任务 4-7】 关键业绩指标分析

根据企业报表（不单独列示整张报表，仅列示指标计算过程中需要用到的企业报表数据，直接在计算过程中列示），完成关键业绩指标分析表（表 4-34）。

表 4-34　关键业绩指标（KPI）分析表

项目	2018 年	上年同期	增减额	增减幅度
销售总量/吨				
成品油市场份额				
营业收入/元				
毛利/元				
销售毛利率				
单位毛利/(元/吨)				

续表

项目	2018 年	上年同期	增减额	增减幅度
经营费用/元				
经营费用率				
净利润/元				
资产收益率				
净资产收益率				
销售净利率				
人均营业收入/元				
人均利润总额/元				

【实践教学指导】

业务资源：

产品销售收入明细表简表如表 4-35 所示，利润表简表和资产负债表简表见任务 4-1。

表 4-35 产品销售收入明细表简表

项目	2017 年		2018 年	
	数量/吨	收入/元	数量/吨	收入/元
销售合计	1 676 100.00	12 460 050 000.00	1 734 300.00	12 306 521 620.00
一、成品油	1 676 100.00	12 460 050 000.00	1 734 300.00	12 306 521 620.00
二、其他	略	略	略	略

已知：(1) 成品油市场销售总量为 11 000 000 吨且 2017—2019 年基本保持不变；

(2) 2017 年和 2018 年实际员工数分别为 3 940 人和 4 100 人。

【分析】

(1) 计算各关键绩效指标 2018 年和 2017 年数据，如表 4-36 所示。

表 4-36 关键业绩指标（KPI）计算过程

项目	2018 年	上年同期
销售总量/吨	1 746 100.00	1 684 500.00
成品油市场份额	2018 年本公司市场成品油销售数量÷2018 年成品油市场销售总量 =1 734 300.00÷11 000 000.00=15.77%	2017 年本公司市场成品油销售数量÷2017 年成品油市场销售总量 =1 676 100.00÷11 000 000.00=15.24%
营业收入/元	12 457 561 620.00	12 574 290 000.00

续表

项目	2018年	上年同期
毛利/元	2018年营业收入－2018年营业成本＝12 457 561 620.00－11 601 028 300.00＝856 533 320.00	2017年营业收入－2017年营业成本＝12 574 290 000.00－11 729 040 000.00＝845 250 000.00
销售毛利率	2018年毛利÷2018年营业收入＝856 533 320.00÷12 457 561 620.00＝6.88％	2017年毛利÷2017年营业收入＝845 250 000.00÷12 574 290 000.00＝6.72％
单位毛利/(元/吨)	2018年毛利÷2018年销售总量＝856 533 320.00÷1 746 100.00＝490.54	2017年毛利÷2017年销售总量＝845 250 000.00÷1 684 500.00＝501.78
经营费用/元	679 641 000.00(已知)	623 760 000.00(已知)
经营费用率	2018年经营费用÷2018年营业收入＝679 641 000.00÷12 457 561 620.00＝5.46％	2017年经营费用÷2017年营业收入＝623 760 000.00÷12 574 290 000.00＝4.96％
净利润/元	88 816 320.00	105 769 000.00
资产收益率	2018年净利润÷2018年平均资产总额＝88 816 320.00÷〔(2 325 844 000.00＋2 554 546 000.00)/2〕＝3.64％	2017年净利润÷2017年平均资产总额＝105 769 000.00÷〔(2 325 844 000.00＋1 896 899 000.00)/2〕＝5.01％
净资产收益率	2018年净利润÷2018年平均所有者权益总额＝88 816 320.00÷〔(1 181 422 200.00＋1 238 507 820.00)/2〕＝7.34％	2017年净利润÷2017年平均所有者权益总额＝105 769 000.00÷〔(1 181 422 200.00＋1 078 076 000.00)/2〕＝9.36％
销售净利率	2018年净利润÷2018年营业收入＝88 816 320.00÷12 457 561 620.00＝0.71％	2017年净利润÷2017年营业收入＝105 769 000.00÷12 574 290 000.00＝0.84％
人均营业收入/元	2018年营业收入÷2018年实际员工总数＝12 457 561 620.00÷4100＝3 038 429.66	2017年营业收入÷2017年实际员工总数＝12 574 290 000.00÷3 940＝3 191 444.16
人均利润总额/元	2018年利润总额÷2018年实际员工总数＝104 962 320.00÷4100＝25 600.57	2017年利润总额÷2017年实际员工总数＝142 969 000.00÷3 940＝36 286.55

（2）计算增减额。以销售总量为例增减额＝2018年销售总量－上年同期数＝1 746 100.00－1 684 500.00＝61 600.00（吨）。

（3）计算增减幅度。以销售总量为例增减幅度＝增减额/上年同期＝61 600.00/1 684 500.00＝3.66％。

【计算结果】

计算结果如表4-37所示。

表4-37　关键业绩指标（KPI）分析

项目	2018年	上年同期	增减额	增减幅度
销售总量/吨	1 746 100.00	1 684 500.00	61 600.00	3.66％
成品油市场份额	15.77％	15.24％	0.53％	3.47％
营业收入/元	12 457 561 620.00	12 574 290 000.00	－116 728 380.00	－0.93％

续表

项目	2018年	上年同期	增减额	增减幅度
毛利/元	856 533 320.00	845 250 000.00	11 283 320.00	1.33%
销售毛利率	6.88%	6.72%	0.15%	2.28%
单位毛利/(元/吨)	490.54	501.78	−11.24	−2.24%
经营费用/元	679 641 000	623 760 000	55 881 000.00	8.96%
经营费用率	5.46%	4.96%	0.50%	9.98%
净利润/元	88 816 320.00	105 769 000.00	−16 952 680.00	−16.03%
资产收益率	3.64%	5.01%	−1.37%	−27.34%
净资产收益率	7.34%	9.36%	−2.02%	−21.60%
销售净利率	0.71%	0.84%	−0.13%	−15.24%
人均营业收入/元	3 038 429.66	3 191 444.16	−153 014.50	−4.79%
人均利润总额/元	25 600.57	36 286.55	−10 685.98	−29.45%

第二节 业绩分析

一、企业财务分析

（一）偿债能力分析

偿债能力分析如表4-38所示。

表4-38 偿债能力分析

短期偿债能力指标	营运资金＝流动资产－流动负债
	流动比率＝流动资产÷流动负债
	速动比率＝速动资产÷流动负债
	现金比率＝(货币资金＋交易性金融资产)÷流动负债
长期偿债能力指标	资产负债率＝(负债总额÷资产总额)×100%
	产权比率＝(负债总额÷所有者权益总额)×100%
	权益乘数＝总资产÷股东权益
	利息保障倍数＝息税前利润÷应付利息

（二）营运能力分析

营运能力分析如表4-39所示。

表 4-39　营运能力分析

流动资产营运能力分析	应收账款周转率＝营业收入÷应收账款平均余额
	存货周转率＝营业成本÷存货平均余额
	流动资产周转率＝营业收入÷流动资产平均余额
固定资产营运能力分析	固定资产周转率＝营业收入÷平均固定资产
总资产营运能力分析	总资产周转率＝营业收入÷平均总资产

（三）盈利能力分析

盈利能力分析如表 4-40 所示。

表 4-40　盈利能力分析

盈利能力分析	营业毛利率＝营业毛利÷营业收入×100% ＝(营业收入－营业成本)÷营业收入×100%
	营业净利率＝净利润÷营业收入×100%
	总资产净利率＝净利润÷平均总资产×100% $=\frac{净利润}{营业收入}\times\frac{营业收入}{平均总资产}$＝营业净利率×总资产周转率
	净资产收益率$=\frac{净利润}{平均净资产}=\frac{净利润}{平均总资产}\times\frac{平均总资产}{平均净资产}$ ＝资产净利率×权益乘数

（四）发展能力分析

发展能力分析如表 4-41 所示。

表 4-41　发展能力分析

发展能力分析	营业收入增长率＝本年营业收入增长额/上年营业收入×100%
	总资产增长率＝本年资产增长额/年初资产总额×100%
	营业利润增长率＝本年营业利润增长额/上年营业利润总额×100%
	资本保值增值率$=\frac{扣除客观因素影响后的期末所有者权益}{期初所有者权益}\times100\%$
	所有者权益增长率$=\frac{年末所有者权益-年初所有者权益}{年初所有者权益}\times100\%$

【任务 4-8】　偿债能力及营运能力分析

根据企业报表（不单独列示整张报表，仅列示指标计算过程中需要用到的企业报表数据，直接在计算过程中列示）完成偿债能力及营运能力分析。如表 4-42 所示。

表 4-42 偿债能力及营运能力分析表

项目	2018年	上年同期	增减额	增减幅度
流动比率				
速动比率				
产权比率				
已获利息倍数				
带息负债比率				
存货(收入)周转率/次				
存货(收入)周转期/天				
固定资产周转率/次				
固定资产周转期/天				
总资产周转率/次				
总资产周转期/天				

注:已获利息倍数=EBIT/I,利息费用以利润表中的利息费用为准,不考虑资本化利息。本任务周转天数计算全年天数,按照一年365天计算。

带息负债比率=带息负债/负债总额,本任务中带息负债包括短期借款和长期借款。

【实践教学指导】

业务资源:见【任务4-1】利润表简表和资产负债表简表

【分析】

(1)计算偿债能力及营运能力指标。速动资产=流动资产-存货-预付账款-一年内到期非流动资产;息税前利润=净利润+所得税费用+利息费用。计算过程如表4-43所示。

表 4-43 偿债能力及营运能力指标计算过程

项目	2018年	上年同期
流动比率	2018年流动资产÷2018年流动负债=733 534 000÷426 038 180=1.72	2017年流动资产÷2017年流动负债=657 945 000÷414 421 800=1.59
速动比率	2018年速动资产÷2018年流动负债=214 260 000÷426 038 180=0.50	2017年速动资产÷2017年流动负债=174 636 000÷414 421 800=0.42
产权比率	2018年负债合计÷2018年所有者权益合计=1 316 038 180÷1 238 507 820=1.06	2017年负债合计÷2017年所有者权益合计=1 144 421 800÷1 181 422 200=0.97
已获利息倍数	2018年息税前利润÷2018年利息费用=(88 816 320+16 146 000+43 000 000)÷43 000 000.00=3.44	2017年息税前利润÷2017年利息费用=(142 969 000+52 000 000)÷52 000 000=3.75
带息负债比率	(2018年短期借款+2018年长期借款)÷2018年负债总额=(60 000 000+890 000 000)÷1 316 038 180=0.72	(2017年短期借款+2017年长期借款)÷2018年负债总额=(0+730 000 000)÷1 144 421 800=0.64

续表

项目	2018 年	上年同期
存货(收入)周转率/次	2018 年营业收入÷2018 年平均存货余额=12 457 561 620÷[(472 446 000+495 812 000)/2]=25.73	2017 年营业收入÷2017 年平均存货余额=12 574 290 000÷[(335 798 000+472 446 000)/2]=31.12
存货(收入)周转期/天	365÷2018 年存货周转率=365÷25.73=14.18	365÷2017 年存货周转率=365÷31.12=11.73
固定资产周转率/次	2018 年营业收入÷2018 年平均固定资产余额=12 457 561 620÷[(1 070 205 000+1 095 155 000)/2]=11.51	2017 年营业收入÷2017 年平均固定资产余额=12 574 290 000÷[(1 066 795 000+1 070 205 000)/2]=11.77
固定资产周转期/天	365÷2018 年固定资产周转率=365÷11.51=31.72	365÷2017 年固定资产周转率=365÷11.77=31.02
总资产周转率/次	2018 年营业收入÷2018 年平均资产总额=12 457 561 620÷[(2 325 844 000+2 554 546 000)/2]=5.11	2017 年营业收入÷2017 年平均资产总额=12 574 290 000÷[(1 896 899 000+2 325 844 000)/2)]=5.96
总资产周转期/天	365÷2018 年总资产周转率=365÷5.11=71.50	365÷2017 年总资产周转率=365÷5.96=61.29

(2) 计算增减额。以流动比率为例，增减额=2018 年流动比率－2017 年流动比率=1.17－1.59=0.13。

(3) 计算增减幅度。以流动比率为例，增减幅度=增减额÷2017 年流动比率=0.13÷1.59=8.45%。

【任务 4-9】 盈利能力及发展能力分析

根据企业报表（不单独列示整张报表，仅列示指标计算过程中需要用到的企业报表数据，直接在计算过程中列示）完成盈利发展能力分析。如表 4-44 所示。

表 4-44　盈利能力及发展能力分析表

指标	2018 年	上年同期	同比增减
营业利润率			
营业净利率			
销售毛利率			
成本费用利润率			
净资产收益率			
资本收益率			
营业收入增长率			
资本积累率			
总资产增长率			
营业利润增长率			

注：成本费用利润率=营业利润/(营业成本+税金及附加+管理费用+销售费用+研发费用+财务费用)×100%，资本收益率=净利润/(平均实收资本+平均资本公积)，资本积累率是指所有者权益合计的增长率。

【实践教学指导】

业务资源：见【任务 4-1】利润表简表和资产负债表简表

【分析】

（1）根据已知条件计算盈利能力及发展能力指标。计算过程如表 4-45 所示。

表 4-45 盈利能力及发展能力指标计算过程

指标	2018 年	上年同期
营业利润率	2018 年营业利润÷2018 年营业收入＝110 304 320÷12 457 561 620＝0.89％	2017 年营业利润÷2017 年营业收入＝144 662 000÷12 574 290 000＝1.15％
营业净利率	2018 年净利润÷2018 年营业收入＝88 816 320÷12 457 561 620＝0.71％	2017 年净利润÷2017 年营业收入＝105 769 000÷12 574 290 000＝0.84％
销售毛利率	2018 年毛利÷2018 年营业收入＝(12 457 561 620－11 601 028 300)÷12 457 561 620＝6.88％	2017 年毛利÷2017 年营业收入＝(12 574 290 000－11 729 040 000)÷12 574 290 000＝6.72％
成本费用利润率	2018 年营业利润÷(营业成本＋税金及附加＋管理费用＋销售费用＋研发费用＋财务费用)＝110 304 320/(11 601 028 300＋15 418 000＋589 641 000＋90 000 000＋6 925 000＋44 245 000)＝0.89％	2017 年营业利润÷(营业成本＋税金及附加＋管理费用＋销售费用＋研发费用＋财务费用)＝144 662 000÷(11 729 040 000＋18 426 000＋513 760 000＋110 000 000＋4 361 000＋54 041 000)＝1.16％
净资产收益率	2018 年净利润÷2018 年平均所有者权益＝88 816 320÷[(1 238 507 820＋1 181 422 200)/2]＝7.34％	2017 年净利润÷2017 年平均所有者权益＝105 769 000÷[(1 078 076 000＋1 181 422 200)/2]＝9.36％
资本收益率	2018 年净利润÷(平均实收资本＋平均资本公积)＝88 816 320÷[(1 000 000 000＋1 000 000 000)/2]＝8.88％	2017 年净利润÷(平均实收资本＋平均资本公积)＝105 769 000÷[(1 000 000 000＋1 000 000 000)/2]＝10.58％
营业收入增长率	(2018 年营业收入－2017 年营业收入)÷2017 年营业收入＝(12 457 561 620－12 574 290 000)÷12 574 290 000＝－0.93％	(2017 年营业收入－2016 年营业收入)÷2016 年营业收入＝(12 574 290 000－11 794 750 000)÷11 794 750 000＝6.61％
资本积累率	(2018 年所有者权益合计－2017 年所有者权益合计)÷2017 年所有者权益合计＝(1 238 507 820－1 181 422 200)÷1 181 422 200＝4.83％	(2017 年所有者权益合计－2016 年所有者权益合计)÷2016 年所有者权益合计＝(1 181 422 200－1 078 076 000)÷1 078 076 000＝9.59％
总资产增长率	(2018 年资产合计－2017 年资产合计)÷2017 年资产合计＝(2 554 546 000－2 325 844 000)÷2 325 844 000＝9.83％	(2017 年资产合计－2016 年资产合计)÷2016 年资产合计＝(2 325 844 000－1 896 899 000)÷1 896 899 000＝22.61％
营业利润增长率	(2018 年营业利润－2017 年营业利润)÷2017 年营业利润＝(110 304 320－144 662 000)÷144 662 000＝－23.75％	(2017 年营业利润－2016 年营业利润)÷2016 年营业利润＝(144 662 000－25 569 000)÷25 569 000＝465.77％

（2）计算同比增减百分比。以营业利润率为例，同比增减＝0.89％－1.15％＝－0.27％。

【计算结果】

计算结果如表 4-46、表 4-47 所示。

表 4-46　偿债能力及营运能力分析表答案

项目	2018 年	上年同期	增减额	增减幅度
流动比率	1.72	1.59	0.13	8.45%
速动比率	0.50	0.42	0.08	19.34%
产权比率	1.06	0.97	0.09	9.70%
已获利息倍数	3.44	3.75	−0.31	−8.23%
带息负债比率	0.72	0.64	0.08	13.17%
存货(收入)周转率/次	25.73	31.12	−5.38	−17.30%
存货(收入)周转期/天	14.18	11.73	2.45	20.92%
固定资产周转率/次	11.51	11.77	−0.26	−2.23%
固定资产周转期/天	31.72	31.02	0.71	2.28%
总资产周转率/次	5.11	5.96	−0.85	−14.28%
总资产周转期/天	71.50	61.29	10.21	16.66%

注：已获利息倍数＝EBIT/I，利息费用以利润表中的利息费用为准，不考虑资本化利息。本任务周转天数计算全年天数，按照一年 365 天计算。

带息负债比率＝带息负债/负债总额，本任务中带息负债包括短期借款和长期借款。

表 4-47　盈利能力及发展能力分析表

指标	2018 年	上年同期	同比增减
营业利润率	0.89%	1.15%	−0.27%
营业净利率	0.71%	0.84%	−0.13%
销售毛利率	6.88%	6.72%	0.15%
成本费用利润率	0.89%	1.16%	−0.27%
净资产收益率	7.34%	9.36%	−2.02%
资本收益率	8.88%	10.58%	−1.70%
营业收入增长率	−0.93%	6.61%	−7.54%
资本积累率	4.83%	9.59%	−4.75%
总资产增长率	9.83%	22.61%	−12.78%
营业利润增长率	−23.75%	465.77%	−489.52%

注：成本费用利润率＝营业利润/(营业成本＋税金及附加＋管理费用＋销售费用＋研发费用＋财务费用)×100%，资本收益率＝净利润/(平均实收资本＋平均资本公积)，资本积累率是指所有者权益合计的增长率。

二、杜邦分析

杜邦分析体系各主要指标的关系如下：

$$净资产收益率=\frac{净利润}{平均净资产}$$

$$=\frac{净利润}{平均资产总额}\times\frac{平均资产总额}{平均净资产}=总资产净利率\times权益乘数$$

$$=\frac{净利润}{销售收入}\times\frac{销售收入}{平均资产总额}\times\frac{平均资产总额}{平均净资产}$$

$$=销售净利率\times总资产周转率\times权益乘数$$

【任务 4-10】 净资产收益率驱动因素分解

根据企业报表（不单独列示整张报表，仅列示指标计算过程中需要用到的企业报表数据，直接在计算过程中列示）完成净资产收益率驱动因素分析。如表 4-48 所示。

表 4-48　净资产收益率因素分解表　　单位：元

序号	因素分析	指标名称	2017 年	2018 年	第一因素替代	第二因素替代	第三因素替代	第四因素替代	第五因素替代	第六因素替代
1	分析对象	净资产收益率								
2	第一因素	营业收入								
3	第二因素	营业成本								
4	第三因素	费用税金损益合计								
5	第四因素	平均流动资产								
6	第五因素	平均非流动资产								
7	第六因素	平均负债								
因素对净资产收益率变化产生的影响：										

注：本任务中费用税金损益合计指利润表中除营业收入、营业成本外的所有损益项。公式为：
费用税金损益合计＝税金及附加＋研发费用＋管理费用＋销售费用＋财务费用＋资产减值损失－投资收益－资产处置收益－其他收益－营业外收入＋营业外支出＋所得税

【实践教学指导】

（1）净资产收益率各因素指标数值计算方法：

① 净资产收益率、营业收入、营业成本可直接获取；

② 费用税金损益合计＝税金及附加＋研发费用＋管理费用＋销售费用＋财务费用＋资产减值损失－投资收益－资产处置收益－其他收益－营业外收入＋营业外支出＋所得税；

③ 平均流动资产＝（期初流动资产＋期末流动资产）/2，平均非流动资产＝（期初非流动资产＋期末非流动资产）/2，平均负债＝（期初负债合计＋期末负债合

计)/2；

④ 2017 年和 2018 年各因素数值如表 4-49 所示。

表 4-49　净资产收益率各因素指标数值　　单位：元

序号	因素分析	指标名称	2017 年	2018 年
1	分析对象	净资产收益率	9.36%	7.34%
2	第一因素	营业收入	12 574 290 000.00	12 457 561 620.00
3	第二因素	营业成本	11 729 040 000.00	11 601 028 300.00
4	第三因素	费用税金损益合计	739 481 000.00	767 717 000.00
5	第四因素	平均流动资产	604 902 500.00	695 739 500.00
6	第五因素	平均非流动资产	1 506 469 000.00	1 744 455 500.00
7	第六因素	平均负债	981 622 400.00	1 230 229 990.00

(2) 使用因素替代法完成表 4-49 中净资产收益率驱动因素分析。根据因素分析法的定义用 2018 年各因素的值顺次替代 2017 年各因素的值，据以测定各因素对净资产收益率的影响。

① 第一因素替代

净资产收益率＝(12 457 561 620.00－11 729 040 000.00－739 481 000.00)÷(604 902 500.00＋1 506 469 000.00－981 622 400.00)＝－0.97%

② 第二因素替代(在第一因素替代的基础上)

净资产收益率＝(12 457 561 620.00－11 601 028 300.00－739 481 000.00)÷(604 902 500.00＋1 506 469 000.00－981 622 400.00)＝10.36%

③ 第三因素替代～第六因素替代比照第一、二次因素替代。

(3) 计算因素对净资产收益率变化产生的影响见【任务 4-11】。

【任务 4-11】 净资产收益率驱动因素分析

承【任务 4-10】计算结果，根据企业报表(不单独列示整张报表，仅列示指标计算过程中需要用到的企业报表数据，直接在计算过程中列示)完成净资产收益率因素分析表。如表 4-50 所示。

表 4-50　净资产收益率因素分析表

序号	因素分析	指标名称	影响数值	影响性质	影响大小排序
1	第一因素	营业收入			
2	第二因素	营业成本			
3	第三因素	费用税金损益合计			
4	第四因素	平均流动资产			
5	第五因素	平均非流动资产			
6	第六因素	平均负债			

注：有利影响填“B”，不利影响填“N”，无影响填“M”。影响大小按照影响的绝对值从大到小使用阿拉伯数字 1～6 排序。

【实践教学指导】

(1) 影响数值依据已完成的【任务 2-3】填写，具体计算过程如下。

第一因素影响数值：−0.97%−9.36%=−10.33%；

第二因素影响数值：10.36%−(−0.97%) =11.33%；

第三因素影响数值：7.86%−10.36%=−2.50%；

第四因素影响数值：7.28%−7.86%=−0.59%；

第五因素影响数值：6.09%−7.28%=−1.19%；

第六因素影响数值：7.34%−6.09%=1.25%。

(2) 影响大小排序除常规方法外可在 EXCEL 设置公式完成。

① 设置 ABS 函数计算各影响数值的绝对值，如图 4-4 所示。

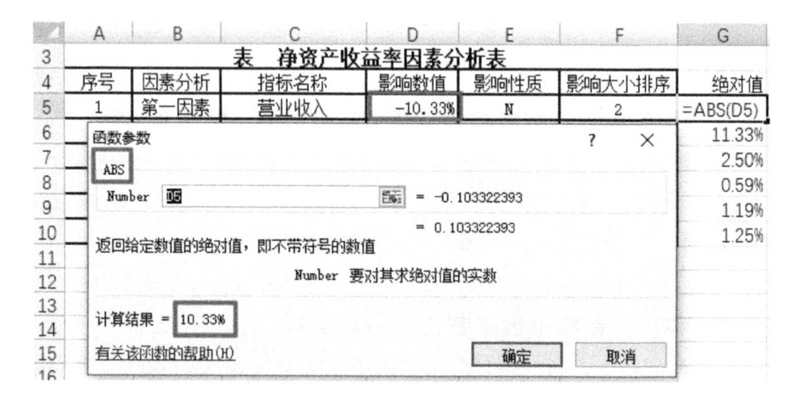

图 4-4 ABS 函数设置方法

② 设置 RANK 函数完成排序，如图 4-5 所示。

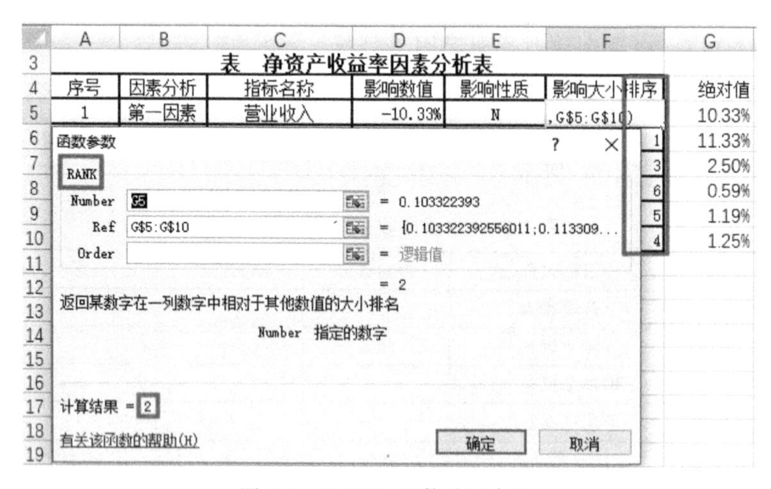

图 4-5 RANK 函数设置方法

【计算结果】

计算结果如表 4-51、表 4-52 所示。

表 4-51　净资产收益率因素分解表答案

序号	因素分析	指标名称	2017 年	2018 年	第一因素替代	第二因素替代	第三因素替代	第四因素替代	第五因素替代	第六因素替代
1	分析对象	净资产收益率	9.36%	7.34%	−0.97%	10.36%	7.86%	7.28%	6.09%	7.34%
2	第一因素	营业收入	12 574 290 000.00	12 457 561 620.00	12 457 561 620.00	12 457 561 620.00	12 457 561 620.00	12 457 561 620.00	12 457 561 620.00	12 457 561 620.00
3	第二因素	营业成本	11 729 040 000.00	11 601 028 300.00	11 729 040 000.00	11 601 028 300.00	11 601 028 300.00	11 601 028 300.00	11 601 028 300.00	11 601 028 300.00
4	第三因素	费用税金损益合计	739 481 000.00	767 717 000.00	739 481 000.00	739 481 000.00	767 717 000.00	767 717 000.00	767 717 000.00	767 717 000.00
5	第四因素	平均流动资产	604 902 500.00	695 739 500.00	604 902 500.00	604 902 500.00	604 902 500.00	695 739 500.00	695 739 500.00	695 739 500.00
6	第五因素	平均非流动资产	1 506 469 000.00	1 744 455 500.00	1 506 469 000.00	1 506 469 000.00	1 506 469 000.00	1 506 469 000.00	1 744 455 500.00	1 744 455 500.00
7	第六因素	平均负债	981 622 400.00	1 230 229 990.00	981 622 400.00	981 622 400.00	981 622 400.00	981 622 400.00	981 622 400.00	1 230 229 990.00
因素对净资产收益率变化产生的影响：					−10.33%	11.33%	−2.50%	−0.59%	−1.19%	1.25%

注：本任务中费用税金损益合计指利润表中除营业收入、营业成本外的所有损益项，公式为：

费用税金损益合计＝税金及附加＋研发费用＋管理费用＋销售费用＋财务费用＋资产减值损失－投资收益－资产处置收益－其他收益－营业外收入＋营业外支出＋所得税费用

表 4-52　净资产收益率因素分析表答案

序号	因素分析	指标名称	影响数值	影响性质	影响大小排序
1	第一因素	营业收入	−10.33%	N	2
2	第二因素	营业成本	11.33%	B	1
3	第三因素	费用税金损益合计	−2.50%	N	3
4	第四因素	平均流动资产	−0.59%	N	6
5	第五因素	平均非流动资产	−1.19%	N	5
6	第六因素	平均负债	1.25%	B	4

注：有利影响填“B”，不利影响填“N”，无影响填“M”。

影响大小按照影响的绝对值从大到小使用阿拉伯数字 1～6 排序。

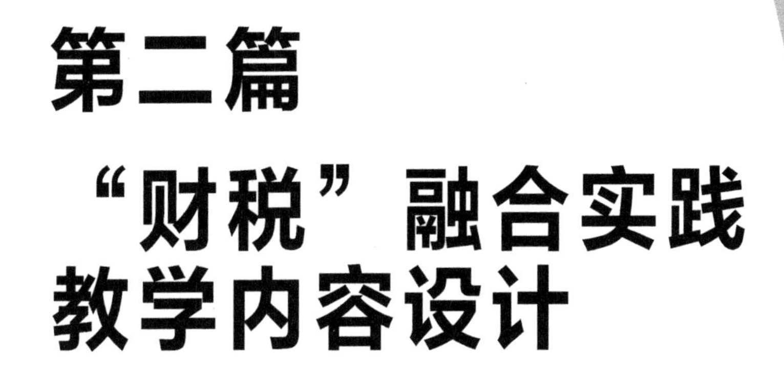

第二篇

“财税”融合实践教学内容设计

第五章

纳税申报岗位实践教学内容设计

纳税申报是“财税”融合最重要的内容，也是财会专业学生毕业后重要的工作内容。因学生毕业后所从事的行业企业均涉及增值税、附加税、企业所得税纳税申报工作，纳税申报岗位只研究这些实践教学内容。

第一节　增值税及附加税纳税申报

一、增值税纳税申报资料

增值税纳税申报资料包括纳税申报表及其附列资料和纳税申报其他资料两类。其中，增值税纳税申报表及其附列资料为必报资料。纳税申报其他资料的报备要求由各省、自治区、直辖市和计划单列市税务局确定。我国增值税将纳税人分为一般纳税人和小规模纳税人，由于两类纳税人增值税的计税方法等不同，故适用的纳税申报表及其附列资料也有所差别。

（一）一般纳税人纳税申报表及其附列资料

（1）增值税及附加税费纳税申报表（一般纳税人适用）。

（2）增值税及附加税费纳税申报表附列资料（一）（本期销售情况明细）。

（3）增值税及附加税费纳税申报表附列资料（二）（本期进项税额明细）。

（4）增值税及附加税费纳税申报表附列资料（三）（服务、不动产和无形资产扣除项目明细）。

需要说明的是，一般纳税人销售服务、不动产和无形资产，在确定服务、不动产和无形资产销售额时，按照有关规定可以从取得的全部价款和价外费用中扣除价款的，需要填报“增值税及附加税费纳税申报表附列资料（三）（服务、不动产和无形资产扣除项目明细）”，其他情况不填写该附列资料。

（5）增值税及附加税费纳税申报表附列资料（四）（税额抵减情况表）。

（6）增值税及附加税费申报表附列资料（五）（附加税费情况表）。

（7）增值税减免税申报明细表。

填写顺序如表 5-1 所示。

表 5-1 一般纳税人纳税申报表及其附列资料填写顺序

填写项目	步骤	填写表目	注释
销售情况	第一步	《增值税及附加税费申报表附列资料(一)(本期销售情况明细)》	第 1 至 11 列
	第二步	填写《增值税及附加税费申报表附列资料(三)(服务、不动产和无形资产扣除项目明细)》	有差额扣除项目的纳税人填写
	第三步	填写《增值税及附加税费申报表附列资料(一)(本期销售情况明细)》	有差额扣除项目的纳税人填写
	第四步	填写《增值税减免税申报明细表》	有减免税业务的纳税人填写
进项税额	第五步	填写《增值税及附加税费申报表附列资料(二)(本期进项税额明细)》	—
税额抵减	第六步	填写《增值税及附加税费申报表附列资料(四)(税额抵减情况表)》	有税额抵减业务的纳税人填写
附加税	第七步	《增值税及附加税费申报表附列资料(五)(附加税费情况表)》	—
主表	第八步	填写《增值税及附加税费申报表(一般纳税人适用)》	根据附表数据填写主表

（二）小规模纳税人纳税申报表及其附列资料

（1）增值税及附加税费申报表（小规模纳税人适用）。

（2）增值税及附加税费申报表（小规模纳税人适用）附列资料（一）。

（3）增值税及附加税费申报表（小规模纳税人适用）附列资料（二）（附加税费情况表）。

需要说明的是，小规模纳税人发生应税行为，在确定服务销售额时，按照有关规定可以从取得的全部价款和价外费用中扣除价款的，需填报“增值税及附加税费申报表（小规模纳税人适用）附列资料（一）”，其他情形不填写该附列资料。

（4）增值税减免税申报明细表。

（三）纳税申报其他资料

（1）已开具的税控机动车销售统一发票和普通发票的存根联。

（2）符合抵扣条件且在本期申报抵扣的防伪税控增值税专用发票（含税控机动车销售统一发票）的抵扣联。

（3）符合抵扣条件且在本期申报抵扣的海关进口增值税专用缴款书、购进农产品取得的普通发票的复印件。

（4）符合抵扣条件且在本期申报抵扣的税收完税凭证及其清单，书面合同、付款证明和境外单位的对账单或者发票。

（5）已开具的农产品收购凭证的存根联或报查联。

（6）纳税人销售服务、不动产和无形资产，在确定服务、不动产和无形资产销售额时，按照有关规定从取得的全部价款和价外费用中扣除价款的合法凭证及其清单。

（7）主管税务机关规定的其他资料。

需要说明的是，纳税人跨县（市）提供建筑服务、房地产开发企业预售咨询开发的房地产项目、纳税人出租与机构所在地不在同一县（市）的不动产，按规定需要在项目所在地或不动产所在地主管国税机关预缴税款的，需填写《增值税预缴税款表》。

（四）办理税款缴纳程序

1. 办理专用发票认证（或增值税发票查询平台勾选确认）。

增值税专用发票的认证方式可选择手工认证和网上认证。手工认证由单位办税员月底持专用发票抵扣联到所属主管税务机关服务大厅认证窗口进行认证；网上认证由纳税人在月底前通过扫描仪将专用发票抵扣联扫入认证专用软件，生成电子数据，将数据文件传给税务机关完成认证。

自 2019 年 3 月 1 日起，所有一般纳税人对取得的增值税专用发票可以不再进行认证，直接通过增值税发票税控开票软件登录本省增值税发票查询平台，查询、选择用于申报抵扣或者出口退税的增值税发票信息（即勾选认证）。

2. 抄税

抄税是指在当月的最后一天，通常是在次月 1 日早上开票前，利用防伪税控开票系统，将本月开具增值税专用发票的信息读入 IC 卡的过程。抄税完成后本月不允许再开具发票。

3. 报税

报税是指在报税期内（一般为次月 15 日前）持 IC 卡到税务机关将 IC 卡的信息读入税务机关的金税系统的过程。经过抄税，税务机关确保所有开具的销项发票进入金税系统；经过报税，税务机关则确保所有抵扣的进项发票都进入金税系统，可以在系统内由系统进行自动比对，确保任何一种抵扣的进项发票都有销项发票与其对应。

4. 办理申报

申报工作可分为上门申报和网上申报。上门申报是指在申报期内携带填写的申报表、资产负债表、利润表及其他相关材料到主管税务机关办理纳税申报，税务机关审核后申报表退还一联给纳税人。网上申报是指纳税人在申报期内通过互联网将增值税纳税申报表主表、附表及其他必报资料的电子信息传送至电子申报系统。

5. 税款缴纳

税务机关将申报表单据送到开户银行，由银行进行自动转账处理。对于未实行税库银联网的纳税人还需自己到税务机关指定的银行进行现金缴纳。

二、增值税及附加税纳税申报

（一）小规模纳税人

自2021年2月1日至12月31日，增值税小规模纳税人适用3%征收率的应税销售收入，减按1%征收率征收增值税；适用3%预征率的预缴增值税项目，减按1%预征率预缴增值税。

自2021年4月1日至2022年12月31日，小规模纳税人发生增值税应税销售行为，合计月销售额未超过15万元（以1个季度为1个纳税期的，季度销售额未超过45万元，下同）的，免征增值税；合计月销售额超过15万元，但扣除本期发生的销售不动产的销售额后未超过15万元的，其销售货物、劳务、服务、无形资产取得的销售额免征增值税。适应增值税差额征收政策的小规模纳税人，以差额后的销售额确定是否可以享受月15万元（季度45万元）以下免征增值税政策。按季纳税的小规模纳税人以包括销售货物、劳务、服务、无形资产在内的应税行为合并计算销售额，判断是否达到45万元免税标准，其中包括开具增值税专用发票的销售额、开具增值税普通发票的销售额以及未开具发票的销售额。小规模纳税人开具增值税专用发票后不享受普惠性减税降费政策，需要按照开票金额申报缴纳增值税。

其他个人（不含个体工商户），采取一次性收取租金形式出租不动产取得的租金收入，可在对应的租赁期内平均分摊，分摊后的月租金收入未超过15万元的，免征增值税。

按照现行规定应当预缴增值税税款的小规模纳税人，凡在预缴地实现的月销售额未超过15万元的（季度45万元），当期无须预缴税款。

小规模纳税人纳税申报时，填写《增值税及附加税费申报表（小规模纳税人适用）》及其附列资料。

【任务5-1】 内蒙古综合商贸有限公司是按季度纳税的小规模纳税人，假如2021年第10～12月发生如下经济业务：

（1）销售鲜活肉蛋取得收入30 000元，开具增值税普通发票。

（2）提供劳务派遣服务，取得全部含税收入197 250元，其中含代用工单位支付给劳务派遣员工的工资、福利和为其办理社会保险及住房公积金共计150 000元，选择差额征税办法并按规定开具了增值税普通发票。

（3）销售应税货物303 000元，开具增值税普通发票。

（4）销售应税货物11 110元，自行开具增值税专用发票。

（5）转让不动产收入2 100 000元［不动产所在地与机构所在地不在同一县

（市、区）]，自行开具增值税专用发票。以上均为含税价。

公司注册地址与生产经营地址：呼和浩特市新城区兴安北路365号。公司法定代表人：谌沃达。纳税人识别号（统一社会信用代码）：9115010557328608 5C。税款所属时间：自2021年10月01日至2021年12月31日。填表日期：2022年01月12日。经办人：牛唐露，经办人身份证号：150102198905124589。根据企业2021年10～12月经济业务发生情况完成《增值税及附加税费申报表（小规模纳税人适用）》及其附列资料，主表只填列一般项目本期数一列。

【实践教学指导】

（1）该纳税人销售鲜活肉蛋适用蔬菜肉蛋流通环节免税政策，取得收入需填写在主表第12栏"其他免税销售额"栏次。免税销售额为30 000元。

（2）提供劳务派遣服务，该纳税人选择差额征税，需填写《增值税及附加税费纳税申报表（小规模纳税人使用）附列资料（一）》（服务、不动产和无形资产扣除项目明细），结果如图5-1所示。销售额为45 000元。

增值税及附加税费申报表（小规模纳税人适用）附列资料（一）

（服务、不动产和无形资产扣除项目明细）

税款所属期：2021年10月01日至 2021年12月31日　　　　填表日期：2022年01月12日
纳税人名称（公章）：内蒙古综合商贸有限公司　　　　金额单位：元（列至角分）

应税行为（3%征收率）扣除额计算			
期初余额	本期发生额	本期扣除额	期末余额
1	2	3（3≤1+2之和，且3≤5）	4=1+2−3
应税行为（3%征收率）计税销售额计算			
全部含税收入（适用3%征收率）	本期扣除额	含税销售额	不含税销售额
5	6=3	7=5−6	8=7÷1.03
应税行为（5%征收率）扣除额计算			
期初余额	本期发生额	本期扣除额	期末余额
9	10	11（11≤9+10之和，且11≤13）	12=9+10−11
0	150000	150000	0
应税行为（5%征收率）计税销售额计算			
全部含税收入（适用5%征收率）	本期扣除额	含税销售额	不含税销售额
13	14=11	15=13−14	16=15÷1.05
197250	150000	47250	45000

图5-1　附列资料（一）（服务、不动产和无形资产扣除项目明细）

（3）销售应税货物11 110元，自行开具增值税专用发票。因开具专票，销售额11 110/1.01=11 000（元）需要缴纳增值税，不属于免税范围。

（4）不动产所在地与机构所在地不在同一县（市、区），纳税人销售不动产应当在不动产所在地预缴增值税，由于该纳税人在不动产所在地实现销售额200万元，超过45万元，需要预缴税款。如图5-2所示。

增值税及附加税费预缴表

税款所属时间：2021年10月01日至 2021年12月31日

纳税人识别号（统一社会信用代码）：91150105573286085C　　是否适用一般计税方法　是 □　否 □√

纳税人名称：　内蒙古综合商贸有限公司　　金额单位：元（列至角分）

项目编号：　　项目名称：

项目地址：

预征项目和栏次		销售额	扣除金额	预征率	预征税额	
		1	2	3	4	
建筑服务	1					
销售不动产	2	2000000	0	5%	100000	
出租不动产	3					
	4					
	5					
合计	6	2000000	0	5%	100000	
附加税费						
城市维护建设税实际预缴税额		3500	教育费附加实际预缴费额	1500	地方教育附加实际预缴费额	1000

图 5-2　增值税及附加税费预缴表

（5）以上业务销售额总计＝30 000＋45 000＋303 000/1.01＋11 110/1.01＋2 100 000/1.05＝2 386 000（元），扣除本期发生的销售不动产的销售额（2 000 000元）后［2 386 000－2 000 000＝386 000（元）］未超过45万元的，其销售货物、劳务、服务、无形资产取得的销售额免征增值税。但由于11 110元属于开具专票的销售额，此部分不免税。

【计算结果】

计算结果如图5-3～图5-5所示。

（二）一般纳税人

根据《国家税务总局关于增值税、消费税与附加税费申报表整合有关事项的公告》（国家税务总局公告2021年第20号）的相关规定，自2021年8月1日起，增值税、消费税分别与城市维护建设税、教育费附加、地方教育附加申报表整合，启用《增值税及附加税费申报表（一般纳税人适用）》《增值税及附加税费申报表（小规模纳税人适用）》《增值税及附加税费预缴表》及其附列资料。

【任务5-2】 内蒙古沃达阀门有限公司成立于2013年7月1日，属于制造业企业，主要从事各种型号阀门的生产和销售。公司当前主要生产两种型号的阀门，分别为：铸铁阀门和铸铜阀门。公司注册地址与生产经营地址：呼和浩特市新城区兴安北路365号。公司法定代表人：谌沃达。纳税人识别号（统一社会信用代码）：91150105573286085C。税款所属时间：自2021年12月01日至2021年12月31日。填表日期：2022年01月12日。经办人：牛唐露，经办人身份证号：150102198905124589。本期缴纳上期应纳税额583 414.86元，上期留抵税额0元，根据企业2021年12月1日至31日增值税业务发生情况（如表5-2所示）完成《增值税及附加税费申报表（一般纳税人适用）》及其附列资料，主表只填列一般项目本月数一列。

增值税及附加税费申报表

（小规模纳税人适用）

纳税人识别号(统一社会信用代码)：91150105573286085C

纳税人名称： 内蒙古绿合商贸有限公司 金额单位：元（列至角分）

税款所属期：2021年10月01日至 2021年12月31日 填表日期：2022年01月12日

	项 目	栏次	本期数		本年累计	
			货物及劳务	服务、不动产和无形资产	货物及劳务	服务、不动产和无形资产
一、计税依据	（一）应征增值税不含税销售额（3%征收率）	1	311000			
	增值税专用发票不含税销售额	2	11000			
	其他增值税发票不含税销售额	3	300000			
	（二）应征增值税不含税销售额（5%征收率）	4	—	2045000	—	
	增值税专用发票不含税销售额	5	—	2000000	—	
	其他增值税发票不含税销售额	6	—	45000	—	
	（三）销售使用过的固定资产不含税销售额	7(7≥8)		—		—
	其中：其他增值税发票不含税销售额	8		—		—
	（四）免税销售额	9=10+11+12	330000	45000		
	其中：小微企业免税销售额	10	300000	45000		
	未达起征点销售额	11				
	其他免税销售额	12	30000	0		
	（五）出口免税销售额	13(13≥14)				
	其中：其他增值税发票不含税销售额	14				
二、税款计算	本期应纳税额	15	110	100000		
	本期应纳税额减征额	16	0			
	本期免税额	17	3300	2250		
	其中：小微企业免税额	18	3300	2250		
	未达起征点免税额	19				
	应纳税额合计	20=15-16	110	100000		
	本期预缴税额	21	0	100000	—	—
	本期应补（退）税额	22=20-21	110	0	—	—
三、附加税费	城市维护建设税本期应补（退）税额	23	3.85			
	教育费附加本期应补（退）费额	24	1.65			
	地方教育附加本期应补（退）费额	25	1.1			

图 5-3 增值税及附加税费申报表主表

增值税及附加税费申报表（小规模纳税人适用）附列资料（一）

（服务、不动产和无形资产扣除项目明细）

税款所属期：2021年10月01日至 2021年12月31日　　填表日期：2022年01月12日

纳税人名称（公章）：内蒙古综合商贸有限公司　　金额单位：元（列至角分）

应税行为（3%征收率）扣除额计算			
期初余额	本期发生额	本期扣除额	期末余额
1	2	3（3≤1+2之和，且3≤5）	4=1+2-3
应税行为（3%征收率）计税销售额计算			
全部含税收入（适用3%征收率）	本期扣除额	含税销售额	不含税销售额
5	6=3	7=5-6	8=7÷1.03
应税行为（5%征收率）扣除额计算			
期初余额	本期发生额	本期扣除额	期末余额
9	10	11（11≤9+10之和，且11≤13）	12=9+10-11
0	150000	150000	0
应税行为（5%征收率）计税销售额计算			
全部含税收入（适用5%征收率）	本期扣除额	含税销售额	不含税销售额
13	14=11	15=13-14	16=15÷1.05
197250	150000	47250	45000

图 5-4　增值税及附加税费申报表附列资料（一）

增值税及附加税费申报表（小规模纳税人适用）附列资料（二）

（附加税费情况表）

税（费）款所属时间：2021年10月01日至 2021年12月31日

纳税人名称：（公章）　　内蒙古综合商贸有限公司　　金额单位：元（列至角分）

税（费）种	计税（费）依据	税（费）率（%）	本期应纳税（费）额	本期减免税（费）额		增值税小规模纳税人“六税两费”减征政策		本期已缴税（费）额	本期应补（退）税（费）额
	增值税税额			减免性质代码	减免税（费）额	减征比例（%）	减征额		
	1	2	3=1×2	4	5	6	7=（3-5）×6	8	9=3-5-7-8
城市维护建设税	100110	7%	7007.70	《财政部 税务总局关于实施小微企业普	3503.85	100%	3503.85	3500	3.85
教育费附加	100110	3%	3003.30	《财政部 税务总局关于实施小微企业普	1501.65	100%	1501.65	1500	1.65
地方教育附加	100110	2%	2002.20	《财政部 税务总局关于实施小微企业普	1001.1	100%	1001.1	1000	1.1
合计	—	—	12013.20	—	6006.6	—	6006.6	6000	6.6

图 5-5　增值税及附加税费申报表附列资料（二）

表 5-2　企业增值税业务发生情况

期间：2021 年 12 月 1 日至 31 日　　单位：元

业务编号	业务描述	采购金额	进项税额	销售金额	销项税额	备注
1	1 日，支付展位费	100 000.00	6 000			增值税专用发票 1 张
2	1 日，采购部练冬阳报销差旅费	1 192.66	107.34			航空运输电子客票（机场建设费不能计算抵扣）行程单 2 张
2		1 200.00	72.00			住宿费——增值税专用发票 1 张
6	3 日，用银行汇票采购材料，多余款已退回	505 000.00	65 250			增值税专用发票 2 张（含运费专票 1 张）
8	4 日，收到当月厂房租金			6 000	540	增值税专用发票 1 张，租赁服务——税率 9%
9	4 日，销售商品（客户 3 个月内有退货权，预计退货率为 2%）			1 030 000	133 900	增值税专用发票 1 张，销售货物——税率 13%
12	9 日，采购原材料	256 800.00	33 384			增值税专用发票 1 张
14	11 日，支付职工培训费	9 800.00	588			增值税专用发票 1 张
16	12 日，采购周转材料一批	23 500.00	3 055			增值税专用发票 3 张
17	12 日，销售商品并代垫运费（预计该公司享受现金折扣概率为 0）			3 480 000	452 400	增值税专用发票 1 张，销售货物——税率 13%
19	16 日，报销办公费（其中瑞幸咖啡作为职工福利费，同时结转职工福利）	外购货物用于集体福利，进项税额转出 1000×0.13=130				进项税额转出——集体福利、个人消费
25	18 日，采购原材料，款项未付	1 542 000.00	200 460			增值税专用发票 1 张
26	19 日，购入办公用品并领用	268.00	34.84			增值税专用发票 1 张

续表

业务编号	业务描述	采购金额	进项税额	销售金额	销项税额	备注
31	21 日，报销公司汽车维修费	3 000.00	390			增值税专用发票 1 张
32	21 日，采购原材料	117 000.00	15 210			增值税专用发票 1 张
33	21 日，采购原材料	25 200.00	3 276			增值税专用发票 1 张
34	22 日，收到不合格品红字发票	12 960×0.13=1684.8				进项税额转出——红字专用发票信息表注明的进项税额
35	22 日，支付财产保险费	3 000.00	180			增值税专用发票 1 张
36	24 日，购入原材料	1 089 000.00	141 570			增值税专用发票 1 张
37	24 日，销售商品，收到部分货款			4 800 000	624 000	增值税专用发票 1 张，销售货物——税率 13%
38	25 日，发放福利			8 624	1 121.12	自产产品用于集体福利，视同销售，未开票，货物税率 13%
39	25 日，支付工程结算款	280 000.00	25 200			增值税专用发票 1 张
53	31 日，支付并分配本月水费	24 320.00	2 188.8			增值税专用发票 1 张
54	31 日，支付并分配本月电费	34 408.00	4 473.04			增值税专用发票 1 张
55	31 日，支付并分配本月天然气费用	543 600.00	48 924			增值税专用发票 1 张
69	31 日，原材料盘亏批准处理	存货盘亏，需转出进项税额=6972.45×0.13=906.42				进项税额转出——非正常损失
72	31 日，税控设备维护费抵减税费					应交税费——应交增值税（减免税款）280
80	31 日，计提转让金融商品应交增值税				2 264.15	未开票，销售金融商品，税率 6%

【实践教学指导】

（1）销项税额的确定

填写《增值税及附加税费申报表附列资料（一）（本期销售情况明细）》和《增值税及附加税费申报表附列资料（三）（服务、不动产和无形资产扣除项目明细）》，注意以下要点：

① 按适用税率的不同以及是否开具发票（开具专票、普票还是未开票）整理本月所有涉及销售的业务（包括视同销售），记录销售金额和销项税额。

② 视同销售业务、转让金融商品填写在“未开具发票”项目中。

③ 转让金融商品时，销售额＝12.4×100 000/1.06＝1 169 811.32（元），销项（应纳）税额＝1 169 811.32×0.06＝70 188.68（元）。结合填写《增值税及附加税费申报表附列资料（三）（服务、不动产和无形资产扣除项目明细）》，因转让金融商品期初不存在负差（投资损失），所以确定服务、不动产和无形资产扣除项目本期实际扣除金额＝12×100 000＝120 000（元）。

（2）进项税额与进项税额转出的确定

填写《增值税及附加税费申报表附列资料（二）（本期进项税额明细）》，注意以下要点：

① 整理并检查所有涉及采购业务是否取得增值税专用发票，旅客运输服务是否取得注明旅客身份信息的航空运输电子客票行程单、火车票、公路、水路等其他客票等。

针对“（四）本期用于抵扣的旅客运输服务扣税凭证”举例说明如下。

【举例】 内蒙古沃达阀门有限公司为增值税一般纳税人，2021 年 1 月购进按规定允许抵扣的国内旅客运输服务。取得 1 份增值税专用发票，金额 20 000 元，税额 1 800 元；取得 1 份增值税电子普通发票，金额 8 000 元，税额 720 元；取得 1 张注明旅客身份信息的航空运输电子客票行程单，票价 2 200 元，民航发展基金 50 元，燃油附加费 120 元；取得 5 张注明旅客身份信息的铁路车票，票面金额合计 2 180 元；取得 15 张注明旅客身份信息的公路、水路等其他客票，票面金额合计 5 150 元。

【分析】 a. 取得增值税专用发票的，可抵扣的进项税额为发票上注明的税额，即 1 800 元；b. 取得增值税电子普通发票的，可抵扣进项税额为发票上注明的税额，即 720 元；c. 取得注明旅客身份信息的航空运输电子客票行程单的，按照下列公式计算进项税额：航空旅客运输进项税额＝(票价＋燃油附加费)÷(1＋9%)×9%＝(2 200＋120)÷(1＋9%)×9%＝191.56(元)，需要注意，民航发展基金不作为计算进项税额的基数；d. 取得注明旅客身份信息的铁路车票的，按照下列公式计算进项税额：铁路旅客运输进项税额＝票面金额÷(1＋9％)×9％＝2 180÷(1＋9％)×9％＝180（元）；取得注明旅客身份信息的公路、水路等其他客票的，按照下列公式计算进项税额：公路、水路等其他旅客运输进项税额＝票面金额÷(1＋3％)×3％＝5 150÷(1＋3％)×3％＝150（元）。根据这个举例，填写《增值税及附加税费申报表附列资料（二）（本期进项税额明细）》1～12 栏，如图 5-6 所示。

增值税及附加税费申报表附列资料（二）

（本期进项税额明细）

税款所属时间：自 2021年 01月 01 日至 2021年 01 月 31 日

纳税人名称：（公章） 内蒙古沃达阀门有限公司 金额单位：元

一、申报抵扣的进项税额			
项目	栏次	份数	金额
（一）认证相符的增值税专用发票	1=2+3	1	20000.00
其中：本期认证相符且本期申报抵扣	2	1	20000.00
前期认证相符且本期申报抵扣	3	0	0
（二）其他扣税凭证	4=5+6+7+8a+8b	22	17128.44
其中：海关进口增值税专用缴款书	5		0
农产品收购发票或者销售发票	6		0
代扣代缴税收缴款凭证	7		—
加计扣除农产品进项税额	8a	—	—
其他	8b	22	17128.44
（三）本期用于购建不动产的扣税凭证	9	0	0
（四）本期用于抵扣的旅客运输服务扣税凭证	10	23	37128.44
（五）外贸企业进项税额抵扣证明	11	—	—
当期申报抵扣进项税额合计	12=1+4+11	23	37128.44

图 5-6 旅客运输服务进项税额抵扣申报表填写示例

② 本期用于购建不动产的扣税凭证，比如支付工程结算款取得专票的，属于此类型。

③ 如果外购的货物、服务等用于集体福利、个人消费，发生非正常损失（管理不善导致），以及外购货物发生退货取得红字专用发票等，在进项税额转出中进行填列。

（3）增值税减免税申报

增值税税控系统专用设备费及技术维护费 280 元。

【计算结果】

计算结果如图 5-7～图 5-13 所示。

附件 1

增值税及附加税费申报表

（一般纳税人适用）

根据国家税收法律法规及增值税相关规定制定本表。纳税人不论有无销售额，均应按税务机关核定的纳税期限填写本表，并向当地税务机关申报。

税款所属时间：自 2021年 12 月 01 日至 2021年 12 月 31 日　　填表日期：2022年 01月 12 日　　金额单位：元（列至角分）

纳税人识别号(统一社会信用代码)：　91150105573286085C　　所属行业：制造业

纳税人名称:内蒙古沃达阀门有限公司	法定代表人姓名	谌沃达	注册地址	和浩特市新城区兴安北路36	生产经营地址	和浩特市新城区兴安北路365
开户银行及账号		登记注册类型			电话号码	

	项　目	栏次	一般项目		即征即退项目	
			本月数	本年累计	本月数	本年累计
销售额	（一）按适用税率计税销售额	1	10494435.32			
	其中：应税货物销售额	2	9318624.00			
	应税劳务销售额	3	0.00			
	纳税检查调整的销售额	4	0.00			
	（二）按简易办法计税销售额	5	0.00			
	其中：纳税检查调整的销售额	6	0.00			
	（三）免、抵、退办法出口销售额	7	0.00		—	—
	（四）免税销售额	8	0.00		—	—
	其中：免税货物销售额	9	0.00		—	—
	免税劳务销售额	10	0.00		—	—
税款计算	销项税额	11	1214225.27			
	进项税额	12	550363.02			
	上期留抵税额	13	0.00			—
	进项税额转出	14	2721.22			
	免、抵、退应退税额	15	0.00		—	—
	按适用税率计算的纳税检查应补缴税额	16	0.00		—	—
	应抵扣税额合计	17=12+13-14-15+16	547641.80	—		—
	实际抵扣税额	18（如17<11，则为17，否则为11）	547641.80			
	应纳税额	19=11-18	666583.47			
	期末留抵税额	20=17-18	0.00			—
	简易计税办法计算的应纳税额	21	0.00			
	按简易计税办法计算的纳税检查应补缴税额	22	0.00		—	—
	应纳税额减征额	23	280.00			
	应纳税额合计	24=19+21-23	666303.47			
税款缴纳	期初未缴税额（多缴为负数）	25	666303.47			
	实收出口开具专用缴款书退税额	26	0.00		—	—
	本期已缴税额	27=28+29+30+31	583414.86			
	①分次预缴税额	28	0.00	—		—
	②出口开具专用缴款书预缴税额	29	0.00	—	—	—
	③本期缴纳上期应纳税额	30	583414.86			
	④本期缴纳欠缴税额	31				
	期末未缴税额（多缴为负数）	32=24+25+26-27	666303.47			
	其中：欠缴税额（≥0）	33=25+26-27		—		—
	本期应补(退)税额	34=24-28-29	666303.47	—		—
	即征即退实际退税额	35	—	—		
	期初未缴查补税额	36			—	—
	本期入库查补税额	37			—	—
	期末未缴查补税额	38=16+22+36-37			—	—
附加税费	城市维护建设税本期应补（退）税额	39	46641.24		—	—
	教育费附加本期应补（退）费额	40	19989.10		—	—
	地方教育附加本期应补（退）费额	41	13326.07		—	—

声明：此表是根据国家税收法律法规及相关规定填写的，本人（单位）对填报内容（及附带资料）的真实性、可靠性、完整性负责。

纳税人（签章）：内蒙古沃达阀门有限公司　　**2022年01月12日**

经办人：牛唐露 经办人身份证号：150102198905124589 代理机构签章： 代理机构统一社会信用代码：	受理人： 受理税务机关（章）：　　受理日期：　年　月　日

图 5-7　增值税及附加税费申报表主表

增值税及附加税费申报表附列资料（一）

（本期销售情况明细）

税款所属时间：自2021年12月01日至2021年12月31日

纳税人名称：（公章）内蒙古沃达阀门有限公司　　　　金额单位：元（列至角分）

				开具增值税专用发票		开具其他发票		未开具发票		纳税检查调整		合计			服务、不动产和无形资产扣除项目本期实际扣除金额	扣除后	
				销售额	销项（应纳）税额	销售额	销项（应纳）税额	销售额	销项（应纳）税额	销售额	销项（应纳）税额	销售额	销项（应纳）税额	价税合计		含税（免税）销售额	销项（应纳）税额
				1	2	3	4	5	6	7	8	9=1+3+5+7	10=2+4+6+8	11=9+10	12	13=11-12	14=13÷（100%+税率或征收率）×税率或征收率
一、一般计税方法计税	全部征税项目	13%税率的货物及加工修理修配劳务	1	9310000.00	1210300.00			8624.00	1121.12			9318624.00	1211421.12	—	—	—	—
		13%税率的服务、不动产和无形资产	2									0.00	0.00	0.00	0.00	0.00	0.00
		9%税率的货物及加工修理修配劳务	3									0.00	0.00	—	—	—	—
		9%税率的服务、不动产和无形资产	4	6000.00	540.00							6000.00	540.00	6540.00	0	6540.00	540.00
		6%税率	5					1169811.32	70188.68			1169811.32	70188.68	1240000.00	1200000	40000.00	2264.15
	其中：即征即退项目	即征即退货物及加工修理修配劳务	6	—	—	—	—	—	—	—	—			—	—	—	—
		即征即退服务、不动产和无形资产	7	—	—	—	—	—	—	—	—						
二、简易计税方法计税	全部征税项目	6%征收率	8							—	—			—	—	—	—
		5%征收率的货物及加工修理修配劳务	9a							—	—			—	—	—	—
		5%征收率的服务、不动产和无形资产	9b							—	—						
		4%征收率	10							—	—			—	—	—	—
		3%征收率的货物及加工修理修配劳务	11							—	—			—	—	—	—
		3%征收率的服务、不动产和无形资产	12							—	—						
		预征率　%	13a							—	—						
		预征率　%	13b							—	—						
		预征率　%	13c							—	—						
	其中：即征即退项目	即征即退货物及加工修理修配劳务	14	—	—	—	—	—	—	—	—			—	—	—	—
		即征即退服务、不动产和无形资产	15	—	—	—	—	—	—	—	—						
三、免抵退税	货物及加工修理修配劳务		16	—	—		—		—	—	—		—	—	—	—	—
	服务、不动产和无形资产		17	—	—		—		—	—	—		—				—
四、免税	货物及加工修理修配劳务		18				—		—	—	—		—	—	—	—	—
	服务、不动产和无形资产		19	—	—		—		—	—	—		—				—

图 5-8　增值税及附加税费申报表附列资料（一）

增值税及附加税费申报表附列资料（二）

（本期进项税额明细）

税款所属时间：自 2021年 12 月 01 日至 2021年 12 月 31 日

纳税人名称：（公章）　内蒙古沃达阀门有限公司　　　　金额单位：元（列至角分）

一、申报抵扣的进项税额				
项目	栏次	份数	金额	税额
（一）认证相符的增值税专用发票	1=2+3	19	4558096.00	550255.68
其中：本期认证相符且本期申报抵扣	2	19	4558096.00	550255.68
前期认证相符且本期申报抵扣	3	0	0	0
（二）其他扣税凭证	4=5+6+7+8a+8b	2	1192.66	107.34
其中：海关进口增值税专用缴款书	5		0	0
农产品收购发票或者销售发票	6		0	0
代扣代缴税收缴款凭证	7		—	0
加计扣除农产品进项税额	8a	—	—	0
其他	8b	2	1192.66	107.34
（三）本期用于购建不动产的扣税凭证	9	1	280000	25200
（四）本期用于抵扣的旅客运输服务扣税凭证	10	2	1192.66	107.34
（五）外贸企业进项税额抵扣证明	11	—	—	0
当期申报抵扣进项税额合计	12=1+4+11	21	4559288.66	550363.02

二、进项税额转出额		
项目	栏次	税额
本期进项税额转出额	13=14至23之和	2721.22
其中：免税项目用	14	
集体福利、个人消费	15	130.00
非正常损失	16	906.42
简易计税方法征税项目用	17	
免抵退税办法不得抵扣的进项税额	18	
纳税检查调减进项税额	19	
红字专用发票信息表注明的进项税额	20	1684.8
上期留抵税额抵减欠税	21	
上期留抵税额退税	22	
异常凭证转出进项税额	23a	
其他应作进项税额转出的情形	23b	

三、待抵扣进项税额				
项目	栏次	份数	金额	税额
（一）认证相符的增值税专用发票	24	—	—	—
期初已认证相符但未申报抵扣	25			
本期认证相符且本期未申报抵扣	26			
期末已认证相符但未申报抵扣	27			
其中：按照税法规定不允许抵扣	28			
（二）其他扣税凭证	29=30至33之和			
其中：海关进口增值税专用缴款书	30			
农产品收购发票或者销售发票	31			
代扣代缴税收缴款凭证	32		—	
其他	33			
	34			

四、其他				
项目	栏次	份数	金额	税额
本期认证相符的增值税专用发票	35	19	4558096.00	550255.68
代扣代缴税额	36	—	—	

图 5-9　增值税及附加税费申报表附列资料（二）

增值税及附加税费申报表附列资料（三）

（服务、不动产和无形资产扣除项目明细）

税款所属时间： 自 2021年 12 月 01 日至 2021年 12 月 31 日

纳税人名称：(公章) 内蒙古沃达阀门有限公司　　金额单位：元（列至角分）

项目及栏次		本期服务、不动产和无形资产价税合计额（免税销售额）	服务、不动产和无形资产扣除项目				
			期初余额	本期发生额	本期应扣除金额	本期实际扣除金额	期末余额
		1	2	3	4=2+3	5(5≤1且5≤4)	6=4-5
13%税率的项目	1	0	0	0	0	0	0
9%税率的项目	2						
6%税率的项目（不含金融商品转让）	3	6540	0	0	0	0	0
6%税率的金融商品转让项目	4	1240000	0	1200000	1200000	1200000	0
5%征收率的项目	5						
3%征收率的项目	6						
免抵退税的项目	7						
免税的项目	8						

图 5-10　增值税及附加税费申报表附列资料（三）

增值税及附加税费申报表附列资料（四）

（税额抵减情况表）

税款所属时间：自 2021年 12 月 01 日至 2021年 12 月 31 日

纳税人名称：（公章）内蒙古沃达阀门有限公司　　　　金额单位：元（列至角分）

一、税额抵减情况

序号	抵减项目	期初余额	本期发生额	本期应抵减税额	本期实际抵减税额	期末余额
		1	2	3=1+2	4≤3	5=3-4
1	增值税税控系统专用设备费及技术维护费	0.00	280.00	280.00	280.00	0.00
2	分支机构预征缴纳税款					
3	建筑服务预征缴纳税款					
4	销售不动产预征缴纳税款					
5	出租不动产预征缴纳税款					

二、加计抵减情况

序号	加计抵减项目	期初余额	本期发生额	本期调减额	本期可抵减额	本期实际抵减额	期末余额
		1	2	3	4=1+2-3	5	6=4-5
6	一般项目加计抵减额计算						
7	即征即退项目加计抵减额计算						
8	合计						

内蒙古沃达阀门有限公司 财务专用章

图 5-11　增值税及附加税费申报表附列资料（四）

增值税及附加税费申报表附列资料（五）

（附加税费情况表）

税（费）款所属时间：　自 2021年 12 月　01 日至 2021年　12　月　31　日

纳税人名称：（公章）　内蒙古沃达阀门有限公司　　　　金额单位：元（列至角分）

税（费）种		计税（费）依据			税（费）率（%）	本期应纳税（费）额	本期减免税（费）额		试点建设培育产教融合型企业		本期已缴税（费）额	本期应补（退）税（费）额
		增值税税额	增值税免抵税额	留抵退税本期扣除额			减免性质代码	减免税（费）额	减免性质代码	本期抵免金额		
		1	2	3	4	5=（1+2-3）×4	6	7	8	9	10	11=5-7-9-10
城市维护建设税	1	666303.47	0	0	7%	46641.24	0	0	—	—	0	46641.24
教育费附加	2	666303.47	0	0	3%	19989.10	0	0	0	0	0	19989.10
地方教育附加	3	666303.47	0	0	2%	13326.07	0	0	0	0	0	13326.07
合计	4	—	—	—	—	79956.4165792626	—		—	0	0	79956.42
本期是否适用试点建设培育产教融合型企业抵免政策					□是 □否	当期新增投资额				5		
						上期留抵可抵免金额				6		
						结转下期可抵免金额				7		
可用于扣除的增值税留抵退税额使用情况						当期新增可用于扣除的留抵退税额				8		
						上期结存可用于扣除的留抵退税额				9		
						结转下期可用于扣除的留抵退税额				10		

图 5-12　增值税及附加税费申报表附列资料（五）

增值税减免税申报明细表

税款所属时间：自 2021年 12 月 01 日至 2021年 12 月 31 日

纳税人名称（公章）：内蒙古沃达阀门有限公司　　　　金额单位：元（列至角分）

一、减税项目						
减税性质代码及名称	栏次	期初余额	本期发生额	本期应抵减税额	本期实际抵减税额	期末余额
		1	2	3=1+2	4≤3	5=3-4
合计	1	0.00	280.00	280.00	280.00	0.00
专用设备和技术维护费用抵减增值	2		280	280.00	280.00	0.00
	3					
	4					
	5					
	6					
二、免税项目						
免税性质代码及名称	栏次	免征增值税项目销售额	免税销售额扣除项目本期实际扣除金额	扣除后免税销售额	免税销售额对应的进项税额	免税额
		1	2	3=1-2	4	5
合　计	7					
出口免税	8		—	—	—	
其中：跨境服务	9		—	—	—	
	10				—	
	11				—	
	12				—	
	13				—	
	14				—	
	15				—	
	16				—	

图 5-13　增值税减免税申报明细表

第二节 企业所得税纳税申报

【任务 5-3】 根据以下资料，进行企业所得税汇算清缴，完成企业所得税纳税申报工作。

（1）期间费用：公司目前不存在境外业务，也没有境外相关费用。

（2）资产折旧、摊销情况：会计核算与税法一致，不存在调整事项，也不存在固定资产加速计提折旧。

（3）交易性金融资产为 2020 年 12 月 12 日以每股 12.00 元购入正宇股份股票 200 000 股，购入时支付含税手续费 2 000.00 元。2020 年 12 月 31 日，该股票价格每股 12.20 元，已确认公允价值变动。

（4）向北京宝嘉实业有限公司（无关联关系）借入一笔款项，借款期限 5 个月，同期同类银行贷款年利息率为 5.4%。

（5）营业外支出——捐赠支出：本年支出中有 300 000.00 元为直接向北京市东城区远翔中心小学捐赠，用于该小学快乐图书室建设；另外 2 200 000.00 元为向中国红十字会捐赠，所有捐赠支出都已取得合法票据。2019 年所得税申报后当年及以前年度未税前扣除的捐赠支出明细如表 5-3 所示。

表 5-3 2016 年至 2019 年捐赠明细情况

年度	捐赠支出/元
2016 年	20 000.00
2017 年	200 000.00
2018 年	220 000.00
2019 年	300 000.00

（6）营业外支出——其他支出：因合同违约向客户支付违约金 10 000.00 元；营业外支出——罚没支出：因违反环保法被罚款 2 500.00 元。

（7）职工教育经费不存在全额扣除人员支出，上年度无留抵。本年发生的职工教育经费明细如表 5-4 所示。

表 5-4 2016 年至 2019 年捐赠明细情况

项目	金额/元
培训支出	275 000.00
职工参加的职业资格认证支出	5 000.00
管理人员学历教育支出	80 000.00

（8）所有的费用以及职工薪酬都已按实际全部发放，并且有合法票据，无股权激励发放，不存在税收优惠及其他特殊事项。

（9）本年已预缴企业所得税 2 370 635.92 元。

相关财务资料如表 5-5、表 5-6 所示。

表 5-5　利润表　　会企 02 表

编制单位：北京昊天织业有限公司　　2020 年度　　单位：元

项目	行次	本期金额	上期金额
一、营业收入	1	93 329 260.74	（略）
减：营业成本	2	67 818 300.65	
税金及附加	3	672 376.96	
销售费用	4	9 875 506.29	
管理费用	5	2 750 271.73	
研发费用	6		
财务费用	7	404 241.42	
其中：利息费用	8	260 000.00	
利息收入	9	43 018.58	
资产减值损失	10	36 520.00	
加：其他收益	11	160 000.00	
投资收益（损失以“－”号填列）	12	－2000.00	
其中：对联营企业和合营企业的投资收益	13		
公允价值变动收益（损失以“－”号填列）	14	40 000.00	
资产处置收益（损失以“－”号填列）	15		
二、营业利润（亏损以“－”号填列）	16	11 970 043.69	
加：营业外收入	17	25 000.00	
减：营业外支出	18	2 512 500.00	
三、利润总额（亏损总额以“－”号填列）	19	9 482 543.69	
减：所得税费用	20	2 370 635.92	
四、净利润（净亏损以“－”号填列）	21	7 111 907.77	
（一）持续经营净利润（净亏损以“－”号填列）	22	7 111 907.77	
（二）终止经营净利润（净亏损以“－”号填列）	23		
五、其他综合收益的税后净额	24		
（一）不能重分类进损益的其他综合收益	25		
1. 重新计量设定受益计划变动额	26		
2. 权益法下不能转损益的其他综合收益	27		
……	28		

续表

项目	行次	本期金额	上期金额
（二）将重分类进损益的其他综合收益	29		
1.权益法下可转损益的其他综合收益	30		
2.可供出售金融资产公允价值变动损益	31		
3.持有至到期投资重分类为可供出售金融资产损益	32		
4.现金流量套期损益的有效部分	33		
5.外币财务报表折算差额	34		
……	35		
六、综合收益总额	36	7 111 907.77	
七、每股收益	37		
（一）基本每股收益	38		
（二）稀释每股收益	39		

【实践教学指导】

（1）交易性金融资产购入时支付含税手续费 2 000.00 元形成税会差异，会计将手续费计入投资收益，税法计入交易性金融资产入账成本。在“A105000 纳税调整项目明细表”第 6 行次“（五）交易性金融资产初始投资调整”调增金额处填写 2 000 元。

（2）2020 年 12 月 31 日，该股票价格每股 12.20 元，会计确认公允价值变动损益(12.2－12)×200 000＝40 000（元），账面价值 12.2×200 000＝2 440 000（元）。税法按历史成本记录，交易性金融资产计税基础仍然是 12×200 000＝2 400 000（元）。形成税会差异 40 000（元）。在“A105000 纳税调整项目明细表”第 7 行次“（六）公允价值变动净损益”调减金额处填写 40 000 元。

（3）向北京宝嘉实业有限公司（无关联关系）借入一笔款项，借款期限 5 个月，根据账户余额表“其他应付款——北京宝嘉实业有限公司”累计贷方发生额 5 000 000.00 元，说明借款本金为 5 000 000.00 元。根据账户余额表“应付利息——北京宝嘉实业有限公司”累计贷方发生额 125 000.00 元，说明会计确认计提利息为 125 000.00 元。按照税法规定，借款利息率不能超过同期同类银行贷款年利息率，同期同类银行贷款年利息率为 5.4%。按税法规定利率计算的应付利息＝5 000 000×5.4%/12×5＝112 500.00（元），超额利息＝125 000－112 500＝12 500.00（元），纳税调增。在“A105000 纳税调整项目明细表”第 18 行次“（六）利息支出”调增金额处填写 12 500.00 元。

表 5-6　账户余额表

编制单位：北京昊天织业有限公司　　　　期间：2020 年 1 月至 12 月　　　　单位：元

科目名称	科目代码	期初余额		累计借方	累计贷方	期末余额	
		借	贷			借方	贷方
库存现金	1001	27 499.90	0.00	624 758.80	636 065.08	16 193.62	0.00
银行存款	1002	7 717 905.17	0.00	99 264 550.44	98 356 021.87	8 626 433.74	0.00
交通银行北京西城支行	100201	4 822 767.53	0.00	85 164 061.87	85 164 061.89	5 248 955.61	0.00
交通银行北京西单支行	100202	2 895 137.64	0.00	13 674 300.49	13 191 960.00	3 377 478.13	0.00
其他货币资金	1012	5 222 000.00	0.00	0.00	3 222 000.00	2 000 000.00	0.00
存出投资款	101201	4 402 000.00	0.00	0.00	2 402 000.00	2 000 000.00	0.00
银行汇票存款	101202	820 000.00	0.00	0.00	820 000.00	0.00	0.00
交易性金融资产	1101	0.00	0.00	2 440 000.00	0.00	2 440 000.00	0.00
正宇股份	110102	0.00	0.00	2 440 000.00	0.00	2 440 000.00	0.00
成本	11010201	0.00	0.00	2 400 000.00	0.00	2 400 000.00	0.00
公允价值变动	11010202	0.00	0.00	40 000.00	0.00	40 000.00	0.00
应收票据	1121	3 129 750.00	0.00	6 801 650.00	8 621 400.00	1 310 000.00	0.00
北京鸿禧贸易有限公司	112101	741 550.00	0.00	1 728 450.00	2 410 000.00	60 000.00	0.00
江苏方正百货	112102	1 468 200.00	0.00	4 513 200.00	5 131 400.00	850 000.00	0.00
安徽佰翔酒店有限公司	112 103	920 000.00	0.00	560 000.00	1 080 000.00	400 000.00	0.00
应收账款	1122	12 403 800.00	0.00	38 173 800.00	42 276 800.00	8 300 800.00	0.00
上海东百商贸有限公司	112201	970 000.00	0.00	5 400 000.00	6 120 000.00	250 000.00	0.00
北京泰达股份有限公司	112202	3 250 000.00	0.00	8 846 000.00	10 946 000.00	1 150 000.00	0.00
新鸿购物广场有限公司	112203	2 340 800.00	0.00	4 697 200.00	3 878 000.00	3 160 000.00	0.00

续表

科目名称	科目代码	期初余额		累计借方	累计贷方	期末余额	
		借	贷			借方	贷方
北京时央贸易有限公司	112204	2 948 600.00	0.00	8 124 100.00	9 043 900.00	2 028 800.00	0.00
浙江中南进出口有限公司	112205	909 400.00	0.00	10 126 500.00	9 643 900.00	1 392 000.00	0.00
北京欣欣荣贸易有限公司	112206	1 985 000.00	0.00	980 000.00	2 645 000.00	320 000.00	0.00
其他应收款	1221	12 000.00	0.00	5 000.00	17 000.00	0.00	0.00
练东阳	122101	12 000.00	0.00	0.00	12 000.00	0.00	0.00
裴恬	122102	0.00	0.00	5 000.00	5 000.00	0.00	0.00
坏账准备	1231	0.00	11 180.00	0.00	36 520.00	0.00	47 700.00
应收账款	123101	0.00	11 180.00	0.00	36 520.00	0.00	47 700.00
投资性房地产	1521	0.00	0.00	500 000.00	0.00	500 000.00	0.00
成本	152101	0.00	0.00	500 000.00	0.00	500 000.00	0.00
投资性房地产累计折旧	1522	0.00	0.00	0.00	88 000.00	0.00	88 000.00
固定资产	1601	40 755 000.00	0.00	0.00	500 000.00	40 255 000.00	0.00
房屋建筑物	160101	34 000 000.00	0.00	0.00	500 000.00	33 500 000.00	0.00
生产设备	160102	5 645 000.00	0.00	0.00	0.00	0.00	0.00
运输设备	160103	900 000.00	0.00	0.00	0.00	0.00	0.00
电子设备	160104	210 000.00	0.00	0.00	0.00	0.00	0.00
累计折旧	1602	0.00	6 480 640.00	86 000.00	2 428 240.00	0.00	8 822 880.00
房屋建筑物	160201	0.00	4 352 000.00	86 000.00	1 630 000.00	0.00	5 896 000.00
生产设备	160202	0.00	1 445 120.00	0.00	541 920.00	0.00	1 987 040.00
运输设备	160203	0.00	576 000.00	0.00	216 000.00	0.00	792 000.00

续表

科目名称	科目代码	期初余额		累计借方	累计贷方	期末余额	
		借	贷			借方	贷方
电子设备	160204	0.00	107 520.00	0.00	40 320.00	0.00	147 840.00
无形资产	1701	12 240 000.00	0.00	0.00	0.00	12 240 000.00	0.00
土地使用权	170101	12 240 000.00	0.00	0.00	0.00	1 240 000.00	0.00
非专利技术	170102	0.00	0.00	0.00	0.00	0.00	0.00
累计摊销	1702	0.00	1 122 000.00	0.00	408 000.00	0.00	1 530 000.00
土地使用权	170201	0.00	1 122 000.00	1 122 000.00	0.00	408 000.00	1 530 000.00
递延所得税资产	1811	182 795.00	0.00	0.00	0.00	182 795.00	0.00
应收账款	181101	2 795.00	0.00	0.00	0.00	2 795.00	0.00
捐赠支出	181102	180 000.00	0.00	0.00	0.00	180 000.00	0.00
短期借款	2001	0.00	12 000 000.00	12 000 000.00	0.00	0.00	0.00
交通银行北京西城支行	200101	0.00	12 000 000.00	12 000 000.00	0.00	0.00	0.00
应付票据	2201	0.00	6 440 000.00	15 620 000.00	14 000 000.00	0.00	4 820 000.00
北京达实包装有限公司	220101	0.00	3 920 000.00	6 620 000.00	5 500 000.00	0.00	2 800 000.00
河北金彩纺织有限公司	220102	0.00	2 520 000.00	9 000 000.00	8 500 000.00	0.00	2 020 000.00
应付账款	2202	0.00	9 809 511.66	51 385 345.66	51 426 180.00	0.00	9 850 346.00
新疆阿瓦提纺织有限公司	220201	0.00	1 827 710.00	4 520 600.00	5 139 760.00	0.00	2 446 870.00
黑龙江诺博纺织有限公司	220202	0.00	955 850.00	6 213 850.00	6 278 000.00	0.00	1 020 000.00
山东优珣棉纱有限公司	220203	0.00	3 474 995.66	17 798 595.66	16 523 600.00	0.00	2 200 000.00
河北中纺棉纱有限公司	220204	0.00	2 717 880.00	18 216 000.00	19 218 120.00	0.00	3 720 000.00
北京奇彩染料科技有限公司	220205	0.00	346 176.00	3 380 000.00	3 282 100.00	0.00	248 276.00

续表

科目名称	科目代码	期初余额		累计借方	累计贷方	期末余额	
		借	贷			借方	贷方
利胜服饰辅料有限公司	220206	0.00	486 900.00	1 256 300.00	984 600.00	0.00	215 200.00
应付职工薪酬	2211	0.00	823 052.70	17 857 735.86	17 888 850.56	0.00	854 167.40
短期薪酬	221101	0.00	823 052.70	15 717 308.34	15 748 423.04	0.00	854 167.40
工资	22110101	0.00	802 025.93	10 611 257.42	10 641 762.03	0.00	832 530.54
医疗保险	22110102	0.00	0.00	1 274 064.00	1 274 064.00	0.00	0.00
工伤保险	22110103	0.00	0.00	25 481.28	25 481.28	0.00	0.00
生育保险	22110104	0.00	0.00	101 925.12	101 925.12	0.00	0.00
住房公积金	22110105	0.00	0.00	1 528 876.80	1 528 876.80	0.00	0.00
工会经费	22110106	0.00	21 026.77	212 225.15	212 835.24	0.00	21 636.86
职工福利费	22110107	0.00	0.00	1 603 478.57	1 603 478.57	0.00	0.00
职工教育经费	22110108	0.00	0.00	360 000.00	360 000.00	0.00	0.00
离职后福利	221102	0.00	0.00	2 140 427.52	2 140 427.52	0.00	0.00
养老保险	22110201	0.00	0.00	2 038 502.40	2 038 502.40	0.00	0.00
失业保险	22110202	0.00	0.00	101 925.12	101 925.12	0.00	0.00
应交税费	2221	0.00	1 237 528.03	21 214 944.37	20 785 533.77	0.00	808 117.43
应交增值税	222101	0.00	0.00	12 132 023.90	12 132 023.90	0.00	0.00
进项税额	22210101	7 922 929.61	0.00	6 528 882.61	0.00	14 451 812.22	0.00
转出未交增值税	22210104	5 958 308.49	0.00	5 603 141.29	0.00	11 561 449.78	0.00
销项税额	22210107	0.00	13 881 238.10	0.00	12 132 023.90	0.00	26 013 262.00
未交增值税	222102	0.00	37 607.43	5 491 078.46	5 603 141.29	0.00	149 670.26

续表

科目名称	科目代码	期初余额		累计借方	累计贷方	期末余额	
		借	贷			借方	贷方
应交所得税	222110	0.00	814 068.65	2 925 684.22	2 370 635.92	0.00	259 020.35
应交城市维护建设税	222114	0.00	26 432.52	384 375.49	392 219.89	0.00	34 276.92
应交教育费附加	222115	0.00	11 328.22	164 732.35	168 094.24	0.00	14 690.11
应交地方教育费附加	222116	0.00	7 552.15	109 821.57	112 062.83	0.00	9 793.41
应交个人所得税	222120	0.00	539.06	7 228.38	7 355.70	0.00	666.38
应付利息	2231	0.00	45 000.00	305 000.00	260 000.00	0.00	0.00
交通银行北京西城支行	223101	0.00	45 000.00	180 000.00	135 000.00	0.00	0.00
北京宝嘉实业有限公司	223102	0.00	0.00	125 000.00	125 000.00	0.00	0.00
其他应付款	2241	0.00	83 333.33	5 100 000.00	5 100 000.00	0.00	83 333.33
北京宝嘉实业有限公司	224101	0.00	0.00	5 000 000.00	5 000 000.00	0.00	0.00
通凯实业有限公司	224102	0.00	83 333.33	100 000.00	100 000.00	0.00	83 333.33
实收资本	4001	0.00	35 000 000.00	0.00	0.00	0.00	35 000 000.00
盈余公积	4101	0.00	1 543 511.65	0.00	711 190.78	0.00	2 254 702.43
法定盈余公积	410101	0.00	1 543 511.65	0.00	711 190.78	0.00	2 254 702.43
本年利润	4103	0.00	0.00	7 111 907.77	7 111 907.77	0.00	0.00
利润分配	4104	0.00	16 611 828.46	1 422 381.56	7 823 098.55	0.00	23 012 545.45
未分配利润	410401	0.00	16 611 828.46	711 190.78	7 111 907.77	0.00	23 012 545.45
提取法定盈余公积	410402	0.00	0.00	711 190.78	711 190.78	0.00	0.00
主营业务收入	6001	0.00	0.00	89 951 604.02	89 951 604.02	0.00	0.00
漂白毛巾	600101	0.00	0.00	1 987 345.63	1 987 345.63	0.00	0.00

续表

科目名称	科目代码	期初余额		累计借方	累计贷方	期末余额	
		借	贷			借方	贷方
素色毛巾	600102	0.00	0.00	46 921 992.14	46 921 992.14	0.00	0.00
印花税	600103	0.00	0.00	41 042 266.25	41 042 266.25	0.00	0.00
定制毛巾	600104	0.00	0.00	0.00	0.00	0.00	0.00
其他业务收入	6051	0.00	0.00	3 377 656.72	3 377 656.72	0.00	0.00
废布头	650101	0.00	0.00	3 371 656.72	3 371 656.72	0.00	0.00
租金收入	650102	0.00	0.00	6 000.00	6 000.00	0.00	0.00
公允价值变动损益	6101	0.00	0.00	40 000.00	40 000.00	0.00	0.00
投资收益	6111	0.00	0.00	2 000.00	2 000.00	0.00	0.00
交易手续费	611101	0.00	0.00	2 000.00	2 000.00	0.00	0.00
其他收益	6113	0.00	0.00	160 000.00	160 000.00	0.00	0.00
营业外收入	6301	0.00	0.00	25 000.00	25 000.00	0.00	0.00
罚款收入	630104	0.00	0.00	25 000.00	25 000.00	0.00	0.00
主营业务成本	6401	0.00	0.00	64 751 158.18	64 751 158.18	0.00	0.00
漂白毛巾	640101	0.00	0.00	1 599 475.38	1 599 475.38	0.00	0.00
素色毛巾	640102	0.00	0.00	34 559 222.36	34 559 222.36	0.00	0.00
印花税	640103	0.00	0.00	28 592 460.44	28 592 460.44	0.00	0.00
其他业务成本	6402	0.00	0.00	3 067 142.47	3 067 142.47	0.00	0.00
废布头	640201	0.00	0.00	3 065 142.47	3 065 142.47	0.00	0.00
租金收入	640202	0.00	0.00	2 000.00	2 000.00	0.00	0.00
税金及附加	6403	0.00	0.00	672 376.96	672 376.96	0.00	0.00

续表

科目名称	科目代码	期初余额		累计借方	累计贷方	期末余额	
		借	贷			借方	贷方
城市维护建设税	640301	0.00	0.00	392 219.89	392 219.89	0.00	0.00
教育费附加	640302	0.00	0.00	168 084.24	168 084.24	0.00	0.00
地方教育附加	640303	0.00	0.00	112 062.83	112 062.83	0.00	0.00
销售费用	6601	0.00	0.00	9 875 506.29	9 875 506.29	0.00	0.00
广告费	660101	0.00	0.00	7 500 000.00	7 500 000.00	0.00	0.00
展览费	660102	0.00	0.00	860 000.00	860 000.00	0.00	0.00
折旧费	660103	0.00	0.00	35 520.00	35 520.00	0.00	0.00
职工薪酬	660104	0.00	0.00	1 218 685.45	1 218 685.45	0.00	0.00
职工福利费	660105	0.00	0.00	97 500.00	97 500.00	0.00	0.00
职工教育经费	660106	0.00	0.00	90 000.00	90 000.00	0.00	0.00
水电费	660107	0.00	0.00	2 883.12	2 883.12	0.00	0.00
差旅费	660108	0.00	0.00	70 320.00	70 320.00	0.00	0.00
办公费	660109	0.00	0.00	597.72	597.72	0.00	0.00
管理费用	6602	0.00	0.00	2 750 271.73	2 750 271.73	0.00	0.00
交通费	660201	0.00	0.00	4 758.32	4 758.32	0.00	0.00
差旅费	660202	0.00	0.00	31 321.70	31 321.70	0.00	0.00
业务招待费	660203	0.00	0.00	70 320.00	70 320.00	0.00	0.00
办公费	660204	0.00	0.00	2 390.88	2 390.88	0.00	0.00
诉讼费	660205	0.00	0.00	0.00	0.00	0.00	0.00
折旧费	660206	0.00	0.00	386 800.00	386 800.00	0.00	0.00

续表

科目名称	科目代码	期初余额		累计借方	累计贷方	期末余额	
		借	贷			借方	贷方
无形资产摊销	660207	0.00	0.00	408 000.00	408 000.00	0.00	0.00
车辆费	660208	0.00	0.00	46 000.00	46 000.00	0.00	0.00
职工薪酬	660209	0.00	0.00	1 482 551.87	1 482 551.87	0.00	0.00
职工福利费	660210	0.00	0.00	65 000.00	65 000.00	0.00	0.00
职工教育经费	660211	0.00	0.00	180 000.00	180 000.00	0.00	0.00
水电费	660212	0.00	0.00	37 128.96	37 128.96	0.00	0.00
财产保护费	660213	0.00	0.00	36 000.00	36 000.00	0.00	0.00
财务费用	6603	0.00	0.00	490 278.58	490 278.58	0.00	0.00
手续费	660301	0.00	0.00	187 260.00	187 260.00	0.00	0.00
利息收入	660302	0.00	0.00	43 018.58	43 018.58	0.00	0.00
利息支出	660303	0.00	0.00	260 000.00	260 000.00	0.00	0.00
勘探费用	6604	0.00	0.00	0.00	0.00	0.00	0.00
资产减值损失	6701	0.00	0.00	36 520.00	36 520.00	0.00	0.00
坏账准备	670103	0.00	0.00	36 520.00	36 520.00	0.00	0.00
信用减值损失	6702	0.00	0.00	2 512 500.00	2 512 500.00	0.00	0.00
营业外支出	6711	0.00	0.00	2 500 000.00	2 500 000.00	0.00	0.00
非流动资产处置损失	671104	0.00	0.00	2 500.00	2 500.00	0.00	0.00
罚没支出	671105	0.00	0.00	10 000.00	10 000.00	0.00	0.00
其他	671106	0.00	0.00	2 370 635.92	2 370 635.92	0.00	0.00

（4）300 000.00 元为直接向北京市东城区远翔中心小学捐赠，用于该小学快乐图书室建设，属于直接捐赠，不符合公益性捐赠的要求，不能税前扣除，全额纳税调增。满足公益性捐赠要求的捐赠额，按照当年利润总额的 12%计算税前扣除限额 [(9 482 543.69×0.12=1 137 905.24（元)]，近三年（即 2017 年至 2019 年，2016 年捐赠额已超过 3 年）有未扣除完的捐赠额先扣除，然后再扣除当年的捐赠额。2017 年至 2019 年累计未扣除的捐赠额=200 000+220 000+300 000=720 000（元）先全部扣除，然后再扣除 2020 年度的捐赠额=1 137 905.24−720 000=417 905.24（元）。因此，纳税调减 720 000 元，纳税调增金额=（2 200 000−417 905.24）+300 000=2 082 094.76（元）。在“A105070 捐赠支出纳税调整明细表”和“A105000 纳税调整项目明细表”相关栏目填写申报数据。

（5）根据企业所得税法规定，因合同违约向客户支付违约金 10 000.00 元，可以全额税前扣除；因违反环保法被罚款 2 500.00 元，税前不能扣除，全额纳税调增。

（6）管理人员学历教育支出不属于职工教育经费范畴，不能税前扣除，全额纳税调增。在“A105050 职工薪酬纳税调整明细表”第 5 行次“其中：按税收规定比例扣除的职工教育经费”纳税调整金额处填写 8 000.00 元。

【计算结果】

计算结果如表 5-7～表 5-15 所示。

表 5-7　中华人民共和国企业所得税年度纳税申报表（A 类）　　单位：元

行次	类别	项　目	金　额
1	利润总额计算	一、营业收入(填写 A101010\101020\103000)	93 329 260.74
2		减：营业成本(填写 A102010\102020\103000)	67 818 300.65
3		减：税金及附加	672 376.96
4		减：销售费用(填写 A104000)	9 875 506.29
5		减：管理费用(填写 A104000)	2 750 271.73
6		减：财务费用(填写 A104000)	404 241.42
7		减：资产减值损失	36 520.00
8		加：公允价值变动收益	40 000.00
9		加：投资收益	−2 000.00
10		二、营业利润(1−2−3−4−5−6−7+8+9)	11 970 043.69
11		加：营业外收入(填写 A101010\101020\103000)	25 000.00
12		减：营业外支出(填写 A102010\102020\103000)	2 512 500.00
13		三、利润总额(10+11−12)	9 482 543.69

续表

行次	类别	项 目	金 额
14	应纳税所得额计算	减:境外所得(填写 A108010)	0.00
15		加:纳税调整增加额(填写 A105000)	2 357 374.65
16		减:纳税调整减少额(填写 A105000)	760 000.00
17		减:免税、减计收入及加计扣除(填写 A107010)	0.00
18		加:境外应税所得抵减境内亏损(填写 A108000)	0.00
19		四、纳税调整后所得(13－14＋15－16－17＋18)	11 079 918.34
20		减:所得减免(填写 A107020)	0.00
21		减:弥补以前年度亏损(填写 A106000)	0.00
22		减:抵扣应纳税所得额(填写 A107030)	0.00
23		五、应纳税所得额(19－20－21－22)	11 079 918.34
24	应纳税额计算	税率(25%)	0.25
25		六、应纳所得税额(23×24)	2 769 979.59
26		减:减免所得税额(填写 A107040)	0.00
27		减:抵免所得税额(填写 A107050)	0.00
28		七、应纳税额(25－26－27)	2 769 979.59
29		加:境外所得应纳所得税额(填写 A108000)	0.00
30		减:境外所得抵免所得税额(填写 A108000)	0.00
31		八、实际应纳所得税额(28＋29－30)	2 769 979.59
32		减:本年累计实际已预缴的所得税额	2 370 635.92
33		九、本年应补(退)所得税额(31－32)	399 343.67
34		其中:总机构分摊本年应补(退)所得税额(填写 A109000)	0.00
35		财政集中分配本年应补(退)所得税额(填写 A109000)	0.00
36		总机构主体生产经营部门分摊本年应补(退)所得税额(填写 A109000)	0.00

表 5-8 A101010 一般企业收入明细表 单位:元

行次	项 目	金 额
1	一、营业收入(2＋9)	93 329 260.74
2	(一)主营业务收入(3＋5＋6＋7＋8)	89 951 604.02
3	1.销售商品收入	89 951 604.02
4	其中:非货币性资产交换收入	
5	2.提供劳务收入	0.00
6	3.建造合同收入	0.00
7	4.让渡资产使用权收入	0.00

续表

行次	项　目	金　额
8	5.其他	0.00
9	(二)其他业务收入(10+12+13+14+15)	3 377 656.72
10	1.销售材料收入	3 371 656.72
11	其中:非货币性资产交换收入	
12	2.出租固定资产收入	6 000.00
13	3.出租无形资产收入	0.00
14	4.出租包装物和商品收入	0.00
15	5.其他	0.00
16	二、营业外收入(17+18+19+20+21+22+23+24+25+26)	25 000.00
17	(一)非流动资产处置利得	0.00
18	(二)非货币性资产交换利得	0.00
19	(三)债务重组利得	0.00
20	(四)政府补助利得	0.00
21	(五)盘盈利得	0.00
22	(六)捐赠利得	0.00
23	(七)罚没利得	25 000.00
24	(八)确实无法偿付的应付款项	0.00
25	(九)汇兑收益	0.00
26	(十)其他	0.00

表 5-9　A102010 一般企业成本支出明细表　　单位：元

行次	项　目	金　额
1	一、营业成本(2+9)	67 818 300.65
2	(一)主营业务成本(3+5+6+7+8)	64 751 158.18
3	1.销售商品成本	64 751 158.18
4	其中:非货币性资产交换成本	
5	2.提供劳务成本	0.00
6	3.建造合同成本	0.00
7	4.让渡资产使用权成本	0.00
8	5.其他	0.00
9	(二)其他业务成本(10+12+13+14+15)	3 067 142.47
10	1.材料销售成本	3 065 142.47
11	其中:非货币性资产交换成本	
12	2.出租固定资产成本	2 000.00

续表

行次	项 目	金 额
13	3. 出租无形资产成本	0.00
14	4. 包装物出租成本	0.00
15	5. 其他	0.00
16	二、营业外支出(17+18+19+20+21+22+23+24+25+26)	2 512 500.00
17	(一)非流动资产处置损失	0.00
18	(二)非货币性资产交换损失	0.00
19	(三)债务重组损失	0.00
20	(四)非常损失	0.00
21	(五)捐赠支出	2 500 000.00
22	(六)赞助支出	0.00
23	(七)罚没支出	2 500.00
24	(八)坏账损失	0.00
25	(九)无法收回的债券股权投资损失	0.00
26	(十)其他	10 000.00

表 5-10 A104000 期间费用明细表 单位：元

行次	项 目	销售费用	其中：境外支付	管理费用	其中：境外支付	财务费用	其中：境外支付
		1	2	3	4	5	6
1	一、职工薪酬	1 406 185.45	—	1 727 551.87	—	—	—
2	二、劳务费	0.00		0.00		—	—
3	三、咨询顾问费	0.00		0.00		—	—
4	四、业务招待费		—	70 320.00	—	—	—
5	五、广告费和业务宣传费	8 360 000.00	—	0.00	—	—	—
6	六、佣金和手续费	0.00		0.00		187 260.00	
7	七、资产折旧摊销费	35 520.00	—	794 800.00	—	—	—
8	八、财产损耗、盘亏及毁损损失		—	0.00	—	—	—
9	九、办公费	597.72	—	2 390.88	—	—	—
10	十、董事会费	0.00	—	0.00	—	—	—
11	十一、租赁费	0.00		0.00		—	—
12	十二、诉讼费	0.00	—	0.00	—	—	—
13	十三、差旅费	70 320.00	—	31 321.70	—	—	—
14	十四、保险费	0.00	—	36 000.00	—	—	—

续表

行次	项　目	销售费用	其中：境外支付	管理费用	其中：境外支付	财务费用	其中：境外支付
		1	2	3	4	5	6
15	十五、运输、仓储费	0.00		0.00		—	—
16	十六、修理费	0.00		0.00		—	—
17	十七、包装费	0.00	—	0.00	—	—	—
18	十八、技术转让费	0.00		0.00		—	—
19	十九、研究费用	0.00		0.00		—	—
20	二十、各项税费	0.00	—	0.00	—	—	—
21	二十一、利息收支	—	—	—	—	216 981.42	
22	二十二、汇兑差额	—	—	—	—	0.00	
23	二十三、现金折扣	—	—	—	—	0.00	—
24	二十四、党组织工作经费	—	—		—	—	—
25	二十五、其他	2 883.12		87 887.28		0.00	
26	合计(1+2+3+…+24)	9 875 506.29	0.00	2 750 271.73	0.00	404 241.42	0.00

表 5-11　A105000 纳税调整项目明细表　　　　单位：元

行次	项　目	账载金额	税收金额	调增金额	调减金额
		1	2	3	4
1	一、收入类调整项目(2+3+…+8+10+11)	—	—	2 000.00	40 000.00
2	(一)视同销售收入(填写 A105010)	—	0.00	0.00	—
3	(二)未按权责发生制原则确认的收入(填写 A105020)	0.00	0.00	0.00	0.00
4	(三)投资收益(填写 A105030)	0.00	0.00	0.00	0.00
5	(四)按权益法核算长期股权投资对初始投资成本调整确认收益	—	—	—	
6	(五)交易性金融资产初始投资调整	—	—	2 000.00	—
7	(六)公允价值变动净损益	40 000.00	—	0.00	40 000.00
8	(七)不征税收入	—	—		
9	其中：专项用途财政性资金(填写 A105040)	—	—	0.00	0.00
10	(八)销售折扣、折让和退回				
11	(九)其他				

续表

行次	项目	账载金额	税收金额	调增金额	调减金额
		1	2	3	4
12	二、扣除类调整项目(13＋14＋…＋24＋26＋27＋28＋29＋30)	—	—	2 318 854.65	720 000.00
13	(一)视同销售成本(填写 A105010)	—	0.00	—	0.00
14	(二)职工薪酬(填写 A105050)	17 888 850.56	17 695 218.67	193 631.89	0.00
15	(三)业务招待费支出	70 320.00	42 192.00	28 128.00	—
16	(四)广告费和业务宣传费支出(填写 A105060)	—	—	0.00	0.00
17	(五)捐赠支出(填写 A105070)	2 500 000.00	1 137 905.24	2 082 094.76	720 000.00
18	(六)利息支出	125 000.00	112 500.00	12 500.00	
19	(七)罚金、罚款和被没收财物的损失	2 500.00	—	2 500.00	—
20	(八)税收滞纳金、加收利息		—		—
21	(九)赞助支出		—		—
22	(十)与未实现融资收益相关在当期确认的财务费用				
23	(十一)佣金和手续费支出(保险企业填写 A105060)	187 260.00	187 260.00	0.00	0.00
24	(十二)不征税收入用于支出所形成的费用	—	—		—
25	其中:专项用途财政性资金用于支出所形成的费用(填写 A105040)	—	—	0.00	—
26	(十三)跨期扣除项目				
27	(十四)与取得收入无关的支出		—		—
28	(十五)境外所得分摊的共同支出	—	—	0.00	—
29	(十六)党组织工作经费				
30	(十七)其他				
31	三、资产类调整项目(32＋33＋34＋35)	—	—	36 520.00	0.00
32	(一)资产折旧、摊销(填写 A105080)	2 838 240.00	2 838 240.00	0.00	0.00
33	(二)资产减值准备金	36 520.00	—	36 520.00	0.00
34	(三)资产损失(填写 A105090)	0.00	0.00	0.00	0.00
35	(四)其他				
36	四、特殊事项调整项目(37＋38＋…＋42)	—	—	0.00	0.00
37	(一)企业重组及递延纳税事项(填写 A105100)	0.00	0.00	0.00	0.00

续表

行次	项 目	账载金额	税收金额	调增金额	调减金额
		1	2	3	4
38	(二)政策性搬迁(填写 A105110)	—	—	0.00	0.00
39	(三)特殊行业准备金(填写 A105120)	0.00	0.00	0.00	0.00
40	(四)房地产开发企业特定业务计算的纳税调整额(填写 A105010)	—	0.00	0.00	0.00
41	(五)有限合伙企业法人合伙方应分得的应纳税所得额				
42	(六)发行永续债利息支出				
43	(七)其他	—	—		
44	五、特别纳税调整应税所得	—	—		
45	六、其他	—	—		
46	合计(1+12+31+36+43+44)	—	—	2 357 374.65	760 000.00

表 5-12 A105060 广告费和业务宣传费等跨年度纳税调整明细表 单位:元

行次	项目	广告费和业务宣传费	保险企业手续费及佣金支出
		1	2
1	一、本年支出	8 360 000.00	
2	减:不允许扣除的支出		
3	二、本年符合条件的支出(1-2)	8 360 000.00	0.00
4	三、本年计算扣除限额的基数	93 329 260.74	
5	乘:税收规定扣除率	15%	
6	四、本企业计算的扣除限额(4×5)	13 999 389.11	0.00
7	五、本年结转以后年度扣除额(3>6,本行=3-6;3≤6,本行=0)	0.00	0.00
8	加:以前年度累计结转扣除额	0.00	
9	减:本年扣除的以前年度结转额[3>6,本行=0;3≤6,本行=8与(6-3)孰小值]	0.00	0.00
10	六、按照分摊协议归集至其他关联方的金额(10≤3 与 6 孰小值)		—
11	按照分摊协议从其他关联方归集至本企业的金额		—
12	七、本年支出纳税调整金额(3>6,本行=2+3-6+10-11;3≤6,本行=2+10-11-9)	0.00	0.00
13	八、累计结转以后年度扣除额(7+8-9)	0.00	0.00

表 5-13 A105050 职工薪酬纳税调整明细表

单位：元

行次	项目	账载金额	实际发生额	税收规定扣除率	以前年度累计结转扣除额	税收金额	纳税调整金额	累计结转以后年度扣除额
		1	2	3	4	5	6(1－5)	7(2＋4－5)
1	一、工资薪金支出	10 641 762.03	10 641 762.03	—	—	10 641 762.03	0.00	—
2	其中：股权激励			—	—	0.00	0.00	—
3	二、职工福利费支出	1 603 478.57	1 603 478.57	14%	—	1 489 846.68	113 631.89	—
4	三、职工教育经费支出	360 000.00	280 000.00	—	0.00	280 000.00	80 000.00	0.00
5	其中：按税收规定比例扣除的职工教育经费	360 000.00	280 000.00	8%		280 000.00	80 000.00	0.00
6	按税收规定全额扣除的职工培训费用			100%	—	0.00	0.00	—
7	四、工会经费支出	212 835.24	212 835.24	2%	—	212 835.24	0.00	—
8	五、各类基本社会保障性缴款	3 541 897.92	3 541 897.92	—	—	3 541 897.92	0.00	—
9	六、住房公积金	1 528 876.80	1 528 876.80	—	—	1 528 876.80	0.00	—
10	七、补充养老保险	0.00		5%	—	0.00	0.00	—
11	八、补充医疗保险	0.00		5%	—	0.00	0.00	—
12	九、其他	0.00		—	—	0.00	0.00	—
13	合计(1＋3＋4＋7＋8＋9＋10＋11＋12)	17 888 850.56	17 808 850.56	—	0.00	17 695 218.67	193 631.89	0.00

表 5-14 A105070 捐赠支出及纳税调整明细表

单位：元

行次	项 目	账载金额	以前年度结转可扣除的捐赠额	按税收规定计算的扣除限额	税收金额	纳税调增金额	纳税调减金额	可结转以后年度扣除的捐赠额
		1	2	3	4	5	6	7
1	一、非公益性捐赠	300 000.00	—	—	—	300 000.00	—	—
2	二、全额扣除的公益性捐赠		—	—	0	—	—	—
3	其中：扶贫捐赠		—	—	0	—	—	—
4	三、限额扣除的公益性捐赠(5+6+7+8)	2 200 000.00	720 000.00	1 137 905.24	1 137 905.24	1 782 094.76	720 000.00	1 782 094.76
5	前三年度(2017 年)	—	200 000.00	—	—	—	200 000.00	—
6	前二年度(2018 年)	—	220 000.00	—	—	—	220 000.00	0.00
7	前一年度(2019 年)	—	300 000.00	—	—	—	300 000.00	0.00
8	本 年(2020 年)	2 200 000.00	—	1 137 905.24	1 137 905.24		—	1 782 094.76
9	合计(1+2+4)	2 500 000.00	720 000.00	1 137 905.24	1 137 905.24	2 082 094.76	720 000.00	1 782 094.76
附列资料	2015 年度至本年发生的公益性扶贫捐赠合计金额		—	—		—	—	—

表 5-15 A105080 资产折旧、摊销及纳税调整明细表

单位：元

行次	项目		账载金额			税收金额					纳税调整金额
			资产原值	本年折旧、摊销额	累计折旧、摊销额	资产计税基础	税收折旧额	享受加速折旧政策的资产按税收一般规定计算的折旧、摊销额	加速折旧统计额	累计折旧、摊销额	
			1	2	3	4	5	6	7=5-6	8	9(2-5)
1	一、固定资产(2+3+4+5+6+7)		40 755 000.00	2 430 240.00	8 910 880.00	40 755 000.00	2 430 240.00	—	—	8 910 880.00	0.00
2	所有固定资产	(一)房屋、建筑物	34 000 000.00	1 632 000.00	5 984 000.00	34 000 000.00	1 632 000.00	—	—	5 984 000.00	0.00
3 4		(二)飞机、火车、轮船、机器、机械和其他生产设备	5 645 000.00	541 920.00	1 987 040.00	5 645 000.00	541 920.00	—	—	1 987 040.00	0.00
5 6		(三)与生产经营活动有关的器具、工具、家具等						—	—		0.00
7		(四)飞机、火车、轮船以外的运输工具	900 000.00	216 000.00	792 000.00	900 000.00	216 000.00	—	—	792 000.00	0.00
		(五)电子设备	210 000.00	40 320.00	147 840.00	210 000.00	40 320.00	—	—	147 840.00	0.00
		(六)其他	0.00	0.00	0.00			—	—		0.00

续表

行次	项　目		账载金额			税收金额					纳税调整金额
			资产原值	本年折旧、摊销额	累计折旧、摊销额	资产计税基础	税收折旧额	享受加速折旧政策的资产按税收一般规定计算的折旧、摊销额	加速折旧统计额	累计折旧、摊销额	
			1	2	3	4	5	6	7=5−6	8	9(2−5)
8	其中：享受固定资产加速折旧及一次性扣除政策的资产加速折旧额大于一般折旧额的部分	(一)重要行业固定资产加速折旧(不含一次性扣除)							0.00		—
9		(二)其他行业研发设备加速折旧							0.00		—
10		(三)固定资产一次性扣除							0.00		—
11		(四)技术进步、更新换代固定资产							0.00		—
12		(五)常年强震动、高腐蚀固定资产							0.00		—
13		(六)外购软件折旧							0.00		—
14		(七)集成电路企业生产设备							0.00		—
15	二、生产性生物资产(19+20)		0.00	0.00	0.00	0.00	0.00	—	—	0.00	0.00
16	(一)林木类							—	—		0.00

续表

行次	项　目	账载金额			税收金额					纳税调整金额
		资产原值	本年折旧、摊销额	累计折旧、摊销额	资产计税基础	税收折旧额	享受加速折旧政策的资产按税收一般规定计算的折旧、摊销额	加速折旧统计额	累计折旧、摊销额	
		1	2	3	4	5	6	7=5−6	8	9(2−5)
17	（二）畜类						—	—		0.00
18	三、无形资产（22＋23＋24＋25＋26＋27＋28＋30）	12 240 000.00	408 000.00	1 530 000.00	12 240 000.00	408 000.00	—	—	1 530 000.00	0.00
19	（一）专利权						—	—		0.00
20	（二）商标权	0.00					—	—		0.00
21	（三）著作权	0.00					—	—		0.00
22	（四）土地使用权	12 240 000.00	408 000.00	1 530 000.00	12 240 000.00	408 000.00	—	—	1 530 000.00	0.00
23	（五）非专利技术	0.00					—	—		0.00
24	（六）特许权使用费	0.00					—	—		0.00
25	（七）软件						—	—		0.00
26	其中：享受企业外购软件加速摊销政策							0.00		—
27	（八）其他	0.00					—	—		0.00

续表

行次	项目	账载金额			税收金额					纳税调整金额
		资产原值	本年折旧、摊销额	累计折旧、摊销额	资产计税基础	税收折旧额	享受加速折旧政策的资产按税收一般规定计算的折旧、摊销额	加速折旧统计额	累计折旧、摊销额	
		1	2	3	4	5	6	7=5−6	8	9(2−5)
28	四、长期待摊费用(32+33+34+35+36)	0.00	0.00	0.00	0.00	0.00	—	—	0.00	0.00
29	(一)已足额提取折旧的固定资产的改建支出						—	—		0.00
30	(二)租入固定资产的改建支出						—	—		0.00
31	(三)固定资产的大修理支出						—	—		0.00
32	(四)开办费						—	—		0.00
33	(五)其他	0.00					—	—		0.00
34	五、油气勘探投资						—	—		0.00
35	六、油气开发投资						—	—		0.00
36	合计(1+18+21+31+37+38)	52 995 000.00	2 838 240.00	10 440 880.00	52 995 000.00	2 838 240.00	—	—	10 440 880.00	0.00
附列资料	全民所有制改制资产评估增值政策资产						—	—		0.00

第六章 税务检查岗位实践教学内容设计

第一节　涉税会计核算

在企业日常经济业务中，涉税会计核算是进行税务检查的基础，只有掌握了涉税会计核算相关知识，才能做好税务检查工作。以下内容主要是企业常见涉税会计核算相关知识。

“应交税费”科目核算企业按税法规定计算应缴纳的各种税费，按规定应缴纳的教育费附加、矿产资源补偿费、代扣代缴的个人所得税也在本科目核算。不需要预计缴纳的税金，如耕地占用税、车辆购置税、契税等，不在本科目核算。需要说明的是，印花税如需要预计，则通过“应交税费”核算；如不需要预计，则不通过“应交税费”核算，通过“银行存款”核算。“应交税费”的明细科目如表6-1所示。

表6-1　“应交税费”明细科目

序号	明细科目	序号	明细科目
1	应交增值税	8	应交车船税
2	应交消费税	9	应交印花税
3	应交所得税	10	应交城建税
4	应交土地使用税	11	应交房产税
5	应交个人所得税	12	应交教育费附加
6	应交资源税	13	应交地方教育附加
7	应交土地增值税	14	应交矿产资源补偿费

一、增值税会计核算

“应交税费”中与增值税核算有关的明细科目如表 6-2 所示。

表 6-2　“应交税费”中与增值税核算有关的明细科目

序号	明细科目	序号	明细科目
1	应交增值税	7	简易计税
2	待抵扣进项税额	8	增值税检查调整
3	增值税留抵税额	9	预交增值税
4	代扣代交增值税	10	待转销项税额
5	未交增值税	11	转让金融商品应交增值税
6	待认证进项税额		

“应交税费——应交增值税”明细科目包括进项税额、销项税额抵减、已交税金、减免税款、出口抵减内销产品应纳税额、转出未交增值税、销项税额、出口退税、进项税额转出、转出多交增值税。“应交税费——应交增值税”明细科目方向归属如表 6-3 所示。

表 6-3　“应交税费——应交增值税”明细科目

序号	明细科目	序号	明细科目
1	进项税额	1	销项税额
2	销项税额抵减	2	出口退税
3	已交税金	3	进项税额转出
4	减免税款	4	转出多交增值税
5	出口抵减内销产品应纳税额		
6	转出未交增值税		

下面重点讲解“应交税费”中与增值税核算有关的明细科目“应交增值税”“转让金融商品应交增值税”“未交增值税”。“应交税费——应交增值税”明细科目重点讲解企业常用的借方明细科目“进项税额”“转出未交增值税”和贷方明细科目“销项税额”“进项税额转出”。其余明细科目请查阅相关书籍学习。

（一）应交税费——应交增值税

1. 进项税额

进项税额记录企业购入货物、劳务、服务、无形资产或不动产而支付或负担的准予从销项税额中抵扣的增值税额。企业购入时支付或负担的进项税额，用蓝字登记；退回所购货物应冲销的进项税额，用红字登记。

【例题・简答题】　甲企业为增值税一般纳税企业，适用的增值税税率为 13%，

2019 年 12 月该公司购进一幢简易办公楼作为固定资产核算，并投入使用。已取得增值税专用发票并经税务机关认证，增值税专用发票上注明的价款为 1 500 000 元，增值税税额为 135 000 元，全部款项以银行存款支付。不考虑其他相关因素。应如何进行账务处理？

【正确答案】

借：固定资产　　1 500 000

　　应交税费——应交增值税（进项税额）　　135 000

　贷：银行存款　　1 635 000

【例题·简答题】 甲企业为增值税一般纳税企业，适用的增值税税率为 13%，2019 年 12 月购入免税农产品一批，农产品收购发票上注明的买价为 200 000 元，规定的扣除率为 9%，货物尚未到达，价款已用银行存款支付。进项税额＝购买价款×扣除率＝200 000×9%＝18 000（元）。应如何进行账务处理？

【正确答案】

借：原材料　　182 000

　　应交税费——应交增值税（进项税额）　　18 000

　贷：银行存款　　200 000

【例题·简答题】 甲企业为增值税一般纳税企业，适用的增值税税率为 13%，2019 年 12 月购入原材料一批，增值税专用发票上注明价款为 120 000 元，增值税税额 15 600 元，材料尚未到达，全部款项已用银行存款支付。应如何进行账务处理？

【正确答案】

借：在途物资　　120 000

　　应交税费——应交增值税（进项税额）　　15 600

　贷：银行存款　　135 600

2. 销项税额

记录一般纳税人销售货物、劳务、服务、无形资产或不动产应收取的增值税额。发生增值税视同销售的，也通过本科目核算。退回销售货物应冲减的销项税额，只能在贷方用红字登记。

【例题·简答题】 2019 年 12 月甲公司销售产品一批，开具增值税专用发票上注明的价款 3 000 000 元，增值税税额 390 000 元，提货单和增值税专用发票已交给买方，款项尚未收到。应如何进行账务处理？

【正确答案】

借：应收账款　　3 390 000

　贷：主营业务收入　　3 000 000

　　　应交税费——应交增值税（销项税额）　　390 000

【例题・简答题】 2019 年 12 月甲公司以公司生产的产品对外捐赠，该批产品的实际成本为 200 000 元，售价为 250 000 元，开具的增值税专用发票上注明的增值税税额为 32 500 元。应如何进行账务处理？

【正确答案】

借：营业外支出　　232 500
　贷：库存商品　　200 000
　　应交税费——应交增值税（销项税额）　　32 500

3. 进项税额转出

记录企业购进货物、劳务、服务、无形资产或不动产等发生非正常损失以及其他原因而不应从销项税额中抵扣，按规定转出的进项税额。例如，已经抵扣进项税额的外购货物等改变用途，用于不得抵扣进项税额的用途，做进项税额转出。又如，在产品、产成品、不动产等发生非正常损失，其所用外购货物、劳务、服务等进项税额做转出处理。

【例题・简答题】 某商场 2019 年 12 月将 2019 年 11 月外购服装 100 000 元用于职工福利，应如何进行账务处理？

【正确答案】

借：应付职工薪酬——非货币性福利　　113 000
　贷：库存商品　　100 000
　　应交税费——应交增值税（进项税额转出）13 000

【例题・简答题】 甲公司库存材料因管理不善发生火灾毁损，材料实际成本为 20 000 元，相关增值税专用发票注明的增值税税额为 2 600 元。应如何进行账务处理？

【正确答案】

借：待处理财产损溢　　22 600
　贷：原材料　　20 000
　　应交税费——应交增值税（进项税额转出）2 600

4. 转出未交增值税

“转出未交增值税”明细科目核算企业月终转出应缴未缴的增值税。月末企业“应交税费——应交增值税”明细账出现贷方余额时，根据余额借记本科目，贷记“应交税费——未交增值税”科目。

【例题・单选题】 甲企业为增值税一般纳税人，本月发生进项税额 1 600 万元，销项税额 4 800 万元，进项税额转出 48 万元，那么本月尚未缴纳的增值税为（　　）万元。

A. 3 200　　B. 3 248　　C. −3 152　　D. 3 248

【正确答案】 D

【答案解析】 本月尚未缴纳的增值税＝4 800＋48－1 600＝3 248（万元）。账务处理如下：

借：应交税费——应交增值税（转出未交增值税）　　3 248

　贷：应交税费——未交增值税　　3 248

【例题·简答题】 2019 年 6 月 30 日，甲公司将尚未交纳的其余增值税税款 50 000 元进行转账。应如何进行账务处理？

【正确答案】

借：应交税费——应交增值税（转出未交增值税）　　50 000

　贷：应交税费——未交增值税　　50 000

7 月份，甲公司交纳 6 月份未交增值税 50 000 元时，

借：应交税费——未交增值税　　50 000

　贷：银行存款　　50 000

（二）应交税费——转让金融商品应交增值税

“转让金融商品应交增值税”明细科目核算增值税纳税人转让金融商品发生的增值税额。金融商品转让按规定以盈亏相抵后的余额为销售额。如果转让时产生收益，则会计处理如下。

借：投资收益

　贷：应交税费——转让金融商品应交增值税

如果为转让损失，则会计处理如下。

借：应交税费——转让金融商品应交增值税

　贷：投资收益

两个科目按余额计税，如果是借方余额，不交税，并可结转到以后月份抵扣，但不能跨年抵扣。

【例题·简答题】 某公司销售作为交易性金融资产管理的债券，获得收入 700 万，2019 年购入时的价格为 600 万，请做出相应的账务处理。

【答案解析】 转让金融商品应交增值税＝（700－600）÷（1＋6％）×6％＝5.66（万元）。账务处理如下。

借：银行存款　　700

　贷：交易性金融资产　　600

　　投资收益　　94.34

　　应交税费——转让金融商品应交增值税　　5.66

【例题·简答题】 甲公司出售了所持有的全部 A 上市公司股票，处置价款为 35 500 000，购入价款为 26 000 000，计算该项业务转让金融商品应交增值税并做出相应的账务处理。

【答案解析】 转让金融商品应交增值税＝（35 500 000－26 000 000）/(1＋

6%）×6%=537 735.85（元）。账务处理如下。

借：投资收益　537 735.85

　贷：应交税费——转让金融商品应交增值税　537 735.85

【例题·简答题】 某企业 2019 年 6 月转让金融商品，取得买卖负差价 159 万元，不考虑其他情况，编制转让金融商品涉及的账务处理。

【答案解析】

（1）2019 年 6 月产生转让损失 159 万元，则按可结转下月抵扣税额。

借：应交税费——转让金融商品应交增值税　9

　贷：投资收益　9

（2）如果截止到 2019 年末，企业没有其他转让金融商品业务，“应交税费——转让金融商品应交增值税”出现借方余额，则 2019 年末账务处理如下。

借：投资收益　9

　贷：应交税费——转让金融商品应交增值税　9

（三）应交税费——未交增值税

核算一般纳税人月度终了从“应交增值税”明细科目转入当月的应缴未缴的增值税额，以及当月缴纳以前期间未缴的增值税额。月份终了，企业应将当月发生的应缴增值税额自“应交税费——应交增值税”科目转入“未交增值税”科目。会计分录如下。

借：应交税费——应交增值税（转出未交增值税）

　贷：应交税费——未交增值税

企业当月缴纳以前期间未缴的增值税，会计分录如下。

借：应交税费——未交增值税

　贷：银行存款

需要说明的是，期末留抵税额反映在“应交税费——应交增值税”的借方，而非“应交税费——未交增值税”处。

【例题·单选题】 企业缴纳上月应交未交的增值税时，应借记（　　）。

A. 应交税费——应交增值税（转出未交增值税）

B. 应交税费——未交增值税

C. 应交税费——应交增值税（转出多交增值税）

D. 应交税费——应交增值税（已交税金）

【正确答案】 B

【答案解析】 企业交纳以前期间未交的增值税，借记“应交税费——未交增值税”科目，贷记“银行存款”科目。

（四）加计抵减政策下的会计核算

自 2019 年 4 月 1 日至 2021 年 12 月 31 日，允许生产、生活性服务业（邮政、电信、现代服务、生活服务）纳税人按照当期可抵扣进项税额加计10%抵减应纳税额。实际缴纳增值税时，按应纳税额借记“应交税费——未交增值税”等科目，按实际纳税金额贷记“银行存款”科目，按加计抵减的金额贷记“其他收益”科目。

【例题·简答题】 某公司2019年8月销项税额40万元，进项税额30万元，本期加计抵减额为3万元，请做出缴纳税款的分录。

【答案解析】

借：应交税费——未交增值税 100 000

贷：银行存款 70 000

其他收益 30 000

（五）小规模纳税人增值税会计核算

小规模纳税人只需在“应交税费”科目下设置“应交增值税”“转让金融商品应交增值税”“代扣代交增值税”明细科目，不需要设置其他明细科目。“应交增值税”不需要设置专栏：借方发生额，反映已缴的增值税额；贷方发生额，反映应缴的增值税额；期末借方余额，反映多缴的增值税额；期末贷方余额，反映尚未缴纳的增值税额。

【例题·简答题】 2019年5月份，某小规模纳税人销售货物，实现含增值税销售额41 200元，适用增值税征收率为3%。应如何进行账务处理？

【正确答案】

借：银行存款 41 200

贷：主营业务收入 40 000

应交税费——应交增值税 1200

借：应交税费——应交增值税 1200

贷：银行存款 1200

【例题·单选题】小规模纳税人应交纳的增值税应计入（　　）的贷方。

A. 应交税费——应交增值税

B. 应交税费——应交增值税（已交税金）

C. 应交税费——预交增值税

D. 应交税费——未交增值税

【正确答案】A

【答案解析】 小规模纳税人进行账务处理时，只需在“应交税费”科目下设置“应交增值税”明细科目，“应交税费——应交增值税”科目贷方登记应交纳的增值税，借方登记已交纳的增值税。

二、企业所得税会计核算

“所得税费用”科目核算企业根据会计准则确认的应从当期利润总额中扣除的所得税费用，应当按照“当期所得税费用”“递延所得税费用”进行明细核算。所得税费用计算公式如下：所得税费用＝当期所得税＋递延所得税。“所得税费用”不同于“应交税费——应交所得税”。“应交税费——应交所得税”按企业所得税法的规定计算确定，所得税费用是根据会计准则确认的应从当期利润总额中扣除的所得税费用。“应交税费——应交所得税”与“所得税费用”的差额通过递延所得税资产、递延所得税负债两个科目核算。

【例题·简答题】 2019 年，甲公司当年应交所得税税额为 500 万元；递延所得税负债年初数为 40 万元，年末数为 50 万元，递延所得税资产年初数为 25 万元，年末数为 20 万元。计算递延所得税和所得税费用并编制会计分录。

【正确答案】 递延所得税＝（50－40）－(20－25）＝15（万元），所得税费用＝当期所得税＋递延所得税＝500＋15＝515（万元）。会计分录如下。

借：所得税费用　515

　贷：应交税费——应交所得税　500

　　递延所得税负债　10

　　递延所得税资产　5

三、其他税种的核算

（一）税金及附加

税金及附加核算范围包括消费税、资源税、城建税和教育费附加、房产税、土地使用税、车船税、印花税、房地产企业转让其开发的房地产应交土地增值税。计提时的会计分录如下。

借：税金及附加

　贷：应交税费——应交消费税［资源税、城建税、教育费附加、房产税、土地使用税、车船税、印花税（需要预计）］

缴纳时的会计分录如下。

借：应交税费——应交消费税［资源税、城建税、教育费附加、房产税、土地使用税、车船税、印花税（需要预计）］

　贷：银行存款

委托加工应税消费品，收回后将直接用于销售的，消费税应计入委托加工物资的成本。委托加工应税消费品，收回后用于继续加工应税消费品的，消费税要计入到“应交税费——应交消费税”科目借方，不计入到委托加工物资成本。

【例题·简答题】 甲企业系增值税一般纳税人，销售所生产的高档化妆品，价款 100 万元（不含增值税），开具的增值税专用发票上注明的增值税税额为 13 万元，适用的消费税税率为 30%，款项已存入银行。应如何进行账务处理？

【正确答案】

借：银行存款　　113
　贷：主营业务收入　　100
　　　应交税费——应交增值税（销项税额）　　13
借：税金及附加　　30
　贷：应交税费——应交消费税　　30

【例题·简答题】 2019 年 11 月甲企业本期实际缴纳增值税 51 万元、消费税 24 万元，适用的城市维护建设税税率为 7%。应如何进行账务处理？

【正确答案】

(1) 计算应交城市维护建设税。

借：税金及附加　　5.25
　贷：应交税费——应交城市维护建设税　　5.25

(2) 用银行存款上交城市维护建设税。

借：应交税费——应交城市维护建设税　　5.25
　贷：银行存款　　5.25

【例题·简答题】 某企业按税法规定本期应交纳房产税 16 万元、车船税 3.8 万元、城镇土地使用税 4.5 万元。应如何进行账务处理？

【正确答案】

(1) 计算应交纳上述税金。

借：税金及附加　　24.3
　贷：应交税费——应交房产税　　16
　　　　　　　——应交城镇土地使用税　　4.5
　　　　　　　——应交车船税　　3.8

(2) 用银行存款交纳上述税金。

借：应交税费——应交房产税　　16
　　　　　　——应交城镇土地使用税　　4.5
　　　　　　——应交车船税　　3.8
　贷：银行存款　　24.3

（二）应交个人所得税

1. 计提时的会计分录

借：应付职工薪酬
　贷：应交税费——应交个人所得税

2. 缴纳时的会计分录

借：应交税费——应交个人所得税

  贷：银行存款

【例题·简答题】 某企业结算本月应付职工工资总额300 000元，按税法规定应代扣代缴的职工个人所得税共计3 000元，实发工资297 000元。应如何进行账务处理？

【正确答案】

(1) 代扣个人所得税。

借：应付职工薪酬 3 000

  贷：应交税费——应交个人所得税 3 000

(2) 交纳个人所得税。

借：应交税费——应交个人所得税 3 000

  贷：银行存款 3 000

(三) 应交土地增值税

一般企业对外销售不动产，应交土地增值税通过“固定资产清理”科目核算。房地产开发企业销售不动产，则通过“税金及附加”科目核算。

【例题·简答题】 甲企业（非房地产开发企业）对外转让一栋厂房，根据税法规定计算的应交土地增值税为25 000元。应如何进行账务处理？

【正确答案】

(1) 计算应交土地增值税。

借：固定资产清理 25 000

  贷：应交税费——应交土地增值税 25 000

(2) 用银行存款交纳土地增值税。

借：应交税费——应交土地增值税 25 000

  贷：银行存款 25 000

第二节 税务检查

在企业日常经济业务中，由于会计人员没有加强税收政策学习，在进行涉税业务处理时会出现错误。为避免遭受税务部门处罚，企业应设立税务检查岗位，加强税务自查，避免出现税务风险。以下通过实例，展示税务检查的操作要点。

【任务6-1】 根据提供的原始凭证及记账凭证，判断涉税处理是否符合规定，如不符合规定，判断对增值税、附加税、企业所得税的影响金额。如图6-1～图6-4所示。

记账凭证

2020 年 01 月 10 日　　　　记 字第 068 号

摘要	总账科目	明细科目	记账✓	借方金额 千	百	十	万	千	百	十	元	角	分	记账✓	贷方金额 千	百	十	万	千	百	十	元	角	分
购入净水器及滤芯组件	库存商品	净水器	✓			2	5	0	0	0	0	0	0											
购入净水器及滤芯组件	库存商品	滤芯配件套组	✓			2	4	0	0	0	0	0	0											
购入净水器及滤芯组件	应交税费	应交增值税（进项税额）	✓				6	3	7	0	0	0	0											
购入净水器及滤芯组件	银行存款	建设银行												✓			5	5	3	7	0	0	0	0
合　计					¥	5	5	3	7	0	0	0	0			¥	5	5	3	7	0	0	0	0

附单据 5 张

财务主管 张晓娟　　记账 邓立俊　　出纳 黄丽婷　　审核 张晓娟　　制单 邓立俊

图 6-1　记账凭证

购 销 合 同

合同编号：69733491

购货单位（甲方）：国华电器股份有限公司

销货单位（乙方）：嘉乐净水器制造有限公司

根据《中华人民共和国合同法》及国家相关法律、法规之规定，甲乙双方本着平等互利的原则，就甲方购买乙方货物一事达成以下协议：

一、货物的名称、数量及价格：

货物名称	规格型号	单位	数量	单价	金额	税率	价税合计
净水器	M690	台	100	2,500.00	250,000.00	13%	282,500.00
净水器滤芯配件	M690	组	200	1,200.00	240,000.00	13%	271,200.00
合计（大写）	伍拾伍万叁仟柒佰元整						¥553,700.00

二、交货方式和费用承担：交货方式：供货方送货，交货时间：2020年01月15日前，交货地点：甲方所在地，运费由供货方承担。

三、付款时间与付款方式：货物验收合格后于15日内转账支付

四、质量异议期：订货方对供货方的货物质量有异议时，应在收到货物后 5天 内提出，逾期视为货物质量合格。

五、未尽事宜经双方协商可作补充协议，与本合同具有同等效力。

六、本合同自双方签字、盖章之日起生效；本合同壹式贰份，甲乙双方各执壹份。

甲方（签章）：

授权代表：刘正国

地　　址：江苏省南京市江宁区将军大道118

电　　话：025-8[illegible]975311

日　　期：2020 年 01 月 03 日

乙方（签章）：

授权代表：张[illegible]铭

地　　址：上海市长宁区[illegible]路58号

电　　话：021-5[illegible]82366

日　　期：2020 年 01 月 03 日

图 6-2　购销合同

3100191140　　上海增值税专用发票　　№ 89380829　3100191140　89380829

发票联

机器编号：962888812388　　开票日期：2020年01月05日

购买方	名称：国华电器股份有限公司 纳税人识别号：870141094754537689 地址、电话：江苏省南京市江宁区将军大道118号 025-86975311 开户行及账号：建设银行南京市江宁支行2301506530876026723	密码区	6*0>>40*35-88-*-%->#>*44*95# 6*#5*247838*7*45#6—3%97#*## -#8*#8%95991-6%**11#>8*9>8-8 **1#-9104149#13-432#-05#553#

货物或应税劳务、服务名称	规格型号	单位	数量	单价	金额	税率	税额
*通用设备*净水器	M690	台	100	2,500.00	250,000.00	13%	32,500.00
*通用设备*净水器滤芯配件	M690	组	200	1,200.00	240,000.00	13%	31,200.00
合计					¥490,000.00		¥63,700.00
价税合计（大写）	⊗伍拾伍万叁仟柒佰元整				（小写）¥553,700.00		

销售方	名称：嘉乐净水器制造有限公司 纳税人识别号：92340100MA56L6134X 地址、电话：上海市长宁区兴义路58号 021-52082366 开户行及账号：上海浦东发展银行长宁区支行 6430005780863215319	备注	校验码 52118 02817 08248 65199

收款人：吴东　　复核：张丽丽　　开票人：吴志华　　销售方：（章）

税总函[202X]××号×××公司

第三联：发票联　购买方记账凭证

图 6-3　采购发票

入库单

发票号码：89380829

供应单位：嘉乐净水器制造有限公司　　收料单编号：00023

材料类别：小家电　　2020 年 01 月 08 日　　收料仓库：小家电库

编号	名称	规格	单位	数量		实际成本				
				应收	实收	买价		运杂费	合计	单位成本
						单价	金额			
011	净水器	M690	台	100	100	2,500.00	250,000.00		250,000.00	2,500.0000
012	净水器滤芯配件	M690	组	200	193	1,200.00	240,000.00		240,000.00	1,243.5233
合计				300	293		¥490,000.00		¥490,000.00	
备注				净水器M690滤芯配件合理损耗2套组，5套组不慎丢失。						

采购员：张明　　检验员：刘大鹏　　记账员：邓立俊　　保管员：张浩琴

图 6-4　采购入库单

【实践教学指导】

（1）这是一笔采购业务，在采购入库过程中，净水器 M690 滤芯配件合理损耗 2 套，5 套组不慎丢失。根据增值税规定，非正常损失项目对应的进项税额不得抵扣。非正常损失，指因管理不善（不包括自然灾害和合理损耗）造成货物被盗、丢失、霉烂变质，以及因违反法律法规造成货物被依法没收、销毁的情形。因此，合理损耗 2 套可以计算进项税额进行抵扣，而 5 套组因管理不善不慎丢失，进项税额不能抵扣。

（2）影响各税种的金额计算

① 增值税（进项税额减少）应纳税额增加＝1200×5×0.13＝780（元）。

② 城市维护建设税、教育费附加、地方教育费附加应纳税费增加＝780×（7％＋3％＋2％）＝93.6（元）。

③ 企业所得税应纳税额减少＝93.6×0.25＝23.4（元）。

【计算结果】

计算结果如表 6-4 所示。

表 6-4 影响各税种的金额情况

是否存在问题	是
存在涉税疑点的税种	影响金额/元
增值税	780
城市维护建设税	54.6
教育费附加	23.4
地方教育费附加	15.6
企业所得税	－23.4

【任务 6-2】 根据提供的原始凭证及记账凭证，判断涉税处理是否符合规定，如不符合规定，判断对增值税、附加税费、企业所得税的影响金额。如图 6-5～图 6-8 所示。

【实践教学指导】

（1）这是一笔带商业折扣的销售业务，该企业商业折扣另开发票（红字发票），会计人员已经按照扣除商业折扣后的金额计算增值税销项税额。根据增值税规定，商业折扣是因购买方需求量大等原因而给予的价格方面的优惠。税务处理为：在同一张发票上"金额"栏分别注明的，可以按折扣后的销售额征收增值税；仅在发票"备注"栏注明折扣额，折扣额不得扣除。如果将折扣额另开发票，不论其财务上如何处理，均不得从销售额中减除折扣额。按以上规定，此商业折扣因另开发票，应按销售全额计算销项税额，不得扣除商业折扣金额。

（2）影响各税种的金额计算

① 增值税（销项税额少计）应纳税额增加＝2 340（元）。

② 城市维护建设税、教育费附加、地方教育费附加应纳税费增加＝2 340×（7％＋3％＋2％）＝280.80（元）。

③ 企业所得税应纳税额减少＝280.80×0.25＝70.20（元）。

【计算结果】

计算结果如表 6-5 所示。

记 账 凭 证

2020 年 01 月 17 日　　　　　　　　记 字第 103 号

摘要	总账科目	明细科目	记账√	借方金额										记账√	贷方金额								
				千	百	十	万	千	百	十	元	角	分		千	百	十	万	千	百	十	元	角	分
销售货物给华联商场	应收账款	华联商场	√			1	8	3	0	6	0	0	0											
销售货物给华联商场	主营业务收入	破壁机（PL345）												√			1	6	2	0	0	0	0	0
销售货物给华联商场	应交税费	应交增值税（销项税额）												√				2	1	0	6	0	0	0
合　计					¥	1	8	3	0	6	0	0	0			¥	1	8	3	0	6	0	0	0

附单据 3 张

财务主管 张晓娟　　记账 邓立俊　　出纳 黄丽婷　　审核 张晓娟　　制单 邓立俊

图 6-5　记账凭证

购 销 合 同

合同编号：15502528

购货单位（甲方）：浙江华联商厦有限公司

供货单位（乙方）：国华电器股份有限公司

根据《中华人民共和国合同法》及国家相关法律、法规之规定，甲乙双方本着平等互利的原则，就甲方购买乙方货物一事达成以下协议。

一、货物的名称、数量及价格：

货物名称	规格型号	单位	数量	单价	金额	税率	价税合计
破壁机	PL345	台	120	1,500.00	180,000.00	13%	203,400.00
合计（大写）	贰拾万叁仟肆佰元整						¥203,400.00

二、交货方式和费用承担：交货方式：供货方送货，交货时间：2020年01月20日前，交货地点：甲方所在地，运费由购货方承担。

三、付款时间与付款方式：按照乙方销售政策规定销售额超过15万，可享受10%的商业折扣，货物验收合格后于15日转账支付货款。

四、质量异议期：订货方对供货方的货物质量有异议时，应在收到货物后7天内提出，逾期视为货物质量合格。

五、未尽事宜经双方协商可作补充协议，与本合同具有同等效力。

六、本合同自双方签字、盖章之日起生效，本合同壹式贰份，甲乙双方各执壹份。

甲方（签章）：
授权代表：张洋铭
地址：浙江省杭州市滨江区滨康路689号
电话：0571-86806789
日期：2020 年 01 月 08 日

乙方（签章）：
授权代表：刘正国
地址：江苏省南京市江宁区将军大道118
电话：025-85975311
日期：2020 年 01 月 08 日

图 6-6　购销合同

3200191140 江苏增值税专用发票 № 73728999 3200191140 73728999

此联不作报销、扣税凭证使用

机器编号：982888812388 开票日期：2020年01月12日

购买方	名称：浙江华联商厦有限公司 纳税人识别号：9601615846545L814X 地址、电话：浙江省杭州市滨江区滨康路689号 0571-86806789 开户行及账号：建设银行杭州市滨江区支行6540100750765017937			密码区	#*#05>-9#1155456>34006*%1-13 13265*95*68926%-*3-93>%5-957 1110#8>60-10#3>9-65-5143-*7- #>>29>2>92969#-9-8488%>6-2%0		
货物或应税劳务、服务名称	规格型号	单位	数量	单价	金额	税率	税额
*家用厨房电器具*破壁机	PL345	台	120	1,500.00	180,000.00	13%	23,400.00
合计					¥180,000.00		¥23,400.00
价税合计（大写）	⊗贰拾万叁仟肆佰元整				（小写）¥203,400.00		
销售方	名称：国华电器股份有限公司 纳税人识别号：870141094754537689 地址、电话：江苏省南京市江宁区将军大道118号 025-86975311 开户行及账号：建设银行杭州市滨江区支行6540100750765017937			备注	校验码 52118 02817 08248 65199		

收款人：黄丽婷 复核：邓立俊 开票人：李莹玉 销售方：（章）

税总函[202X]××号×××公司

第一联：记账联 销售方记账凭证

图 6-7 销售发票（1）

3200191140 江苏增值税专用发票 № 01090993 3200191140 01090993

销项负数

此联不作报销、扣税凭证使用

机器编号：982888812388 开票日期：2020年01月15日

购买方	名称：浙江华联商厦有限公司 纳税人识别号：9601615846545L814X 地址、电话：浙江省杭州市滨江区滨康路689号 0571-86806789 开户行及账号：建设银行杭州市滨江区支行6540100750765017937			密码区	74#6*1%6>%#8>567573%#1%2>378 *1%%555—3##79>#>464-*7#5421 >*-364607>5#2*6#%7*6839%-556 7%176581984-%2>#*40##7992611		
货物或应税劳务、服务名称	规格型号	单位	数量	单价	金额	税率	税额
*家用厨房电器具*破壁机	PL345				-18,000.00	13%	-2,340.00
合计					¥-18,000.00		¥-2,340.00
价税合计（大写）	⊗（负数）贰万零叁佰肆拾元整				（小写）¥-20,340.00		
销售方	名称：国华电器股份有限公司 纳税人识别号：870141094754537689 地址、电话：江苏省南京市江宁区将军大道118号 025-86975311 开户行及账号：建设银行南京市江宁支行2301506530876026723			备注	校验码 52118 02817 08248 65199 商业折扣		

收款人：黄丽婷 复核：邓立俊 开票人：李莹玉 销售方：（章）

税总函[202X]××号×××公司

第一联：记账联 销售方记账凭证

图 6-8 销售发票（2）

表 6-5　影响各税种的金额情况

是否存在问题	是
存在涉税疑点的税种	影响金额/元
增值税	2 340
城市维护建设税	163.8
教育费附加	70.2
地方教育费附加	46.8
企业所得税	—70.20

【任务 6-3】 根据提供的原始凭证及记账凭证，判断涉税处理是否符合规定，如不符合规定，判断对增值税、附加税费、企业所得税的影响金额。如图 6-9～图 6-11 所示。

记 账 凭 证

2020 年 02 月 13 日　　　　记字第 229 号

摘要	总账科目	明细科目	记账√	借方金额										记账√	贷方金额									
				千	百	十	万	千	百	十	元	角	分		千	百	十	万	千	百	十	元	角	分
捐赠设备给火神山医院	营业外支出	捐赠支出	√			9	7	5	0	0	0	0	0											
捐赠设备给火神山医院	库存商品	医用空气净化器												√			9	7	5	0	0	0	0	0
合　计					¥	9	7	5	0	0	0	0	0			¥	9	7	5	0	0	0	0	0

附单据 3 张

财务主管 张晓娟　　记账 邓立俊　　出纳 黄丽婷　　审核 张晓娟　　制单 邓立俊

图 6-9　记账凭证

公共事业捐赠统一票据

UNIFIED INVOICE OF DONATION FOR PUBLIC WELFARE

国财

捐赠人 Donor. 国华电器股份有限公司　　2020 年 02 月 12 日 Y M D　　No 75998340

捐赠项目 For purpose	实物（外币）种类 Material object(curency)	数量 Amount	金额 Total amount
武汉火神山医院	医用空气净化器	150	1,101,750.00
金额合计（小写）In figures ¥1,101,750.00			
金额合计（大写）In words 壹佰壹拾万壹仟柒佰伍拾元整			

第二联 收据

接受单位（盖章）：Receiver's Seal　　复核人：Verified by 李玉　　开票人：Handling Person 程强

财务专用章

感谢您对公益事业的支持！Thank you for support of public welfare!

图 6-10　捐赠票据

出 库 单 No. 85458570

购货单位：武汉市红十字会 2020 年 02 月 12 日

编号	品名	规格	单位	数量	单价	金额	备注
00321	医用空气净化器	MC146	台	150	6,500.00	975,000.00	
合		计				¥975,000.00	

第二联 记账联

仓库主管：王阳明 记账：邓立俊 保管：张浩琴 经手人：刘芳 制单：刘芳

图 6-11 出库单

【实践教学指导】

（1）这是一笔对外捐赠的业务，按增值税规定，将自产、委托加工或者购进的货物无偿赠送其他单位或者个人的，应视同销售，按医用空气净化器的计税价格计算销项税额。按企业所得税规定，企业将货物对外捐赠，因资产所有权属已发生改变，也应当视同销售，按照被移送资产的公允价值确定销售收入并结转成本。

（2）影响各税种的金额计算

① 增值税（销项税额少计）应纳税额增加＝1 101 750/1.13×0.13＝126 750（元）。

② 城市维护建设税、教育费附加、地方教育费附加应纳税费增加＝126 750×（7%＋3%＋2%）＝15 210（元）。

③ 企业所得税应纳税额＝－141 960×0.25＝－35 490（元）。

计算过程如下：应确认收入＝1 101 750÷1.13＝975 000（元），结转成本＝975 000（元），营业利润增加＝975 000－975 000＝0（元）；税金及附加增加＝15 210（元），营业外支出增加＝1 101 750－975 000＝126 750（元）合计应纳税所得额减少＝－126 750－15 210＝－141 960（元）。

【计算结果】

计算结果如表 6-6 所示。

表 6-6 影响各税种的金额情况

是否存在问题	是
存在涉税疑点的税种	影响金额/元
增值税	126 750
城市维护建设税	8 872.5
教育费附加	3 802.5
地方教育费附加	2 535
企业所得税	－35 490

【任务 6-4】 根据提供的原始凭证及记账凭证，判断涉税处理是否符合规定，如不符合规定，判断对增值税、附加税费、企业所得税的影响金额。如图 6-12～图 6-16 所示。

记 账 凭 证

2020 年 11 月 28 日　　　　记 字第 1189 号

摘要	总账科目	明细科目	记账√	借方金额										记账√	贷方金额									
				千	百	十	万	千	百	十	元	角	分		千	百	十	万	千	百	十	元	角	分
收到代销清单及货款	银行存款	建设银行	√			1	5	0	1	5	0	0	0											
收到代销清单及货款	销售费用	代销手续费	√				1	0	7	9	2	4	5											
收到代销清单及货款	应交税费	应交增值税（进项税额）	√						6	4	7	5	5											
收到代销清单及货款	主营业务收入	液晶电视机												√				8	0	0	0	0	0	0
收到代销清单及货款	主营业务收入	双开门冰箱												√				6	3	0	0	0	0	0
收到代销清单及货款	应交税费	应交增值税（销项税额）												√				1	8	5	9	0	0	0
合　计					¥	1	6	1	5	9	0	0	0			¥	1	6	1	5	9	0	0	0

附单据 5 张

财务主管 张晓娟　　记账 邓立俊　　出纳 黄丽婷　　审核 张晓娟　　制单 邓立俊

图 6-12　记账凭证

【实践教学指导】

（1）这是一笔委托代销业务，按增值税规定，委托其他纳税人代销货物，增值税纳税义务发生时间为收到代销单位销售的代销清单或者收到全部或者部分货款的当天；未收到代销清单及货款的，其纳税义务发生时间为发出代销货物满 180 天的当天。根据委托代销合同规定，代销期限为 2020 年 6 月 1 日至 2021 年 6 月 1 日，截至 2020 年 11 月 30 日，发出代销货物满 180 天，代销液晶电视机 200 台、双开门冰箱 100 台，均应全部计算销项税额。截至 2020 年 11 月 30 日，代销液晶电视机累计代销＝80＋20＝100（台），双开门冰箱＝65＋15＝80（台），会计人员按以上代销数量计算销项税额，税务处理有误。委托代销业务，企业所得税的规定与增值税相同。

（2）影响各税种的金额计算

① 增值税（销项税额少计）应纳税额增加＝(100×4 000＋20×42 000）×0.13＝62 920（元）。

② 城市维护建设税、教育费附加、地方教育费附加应纳税费增加＝62 920×(7%＋3%＋2%）＝7 550.4（元）。

③ 企业所得税应纳税额减少＝7 550.4×0.25＝1 887.6（元）。

委托代销合同

合同号：41734337

委托方（甲方）：国华电器股份有限公司

受托方（乙方）：星宇电器销售贸易公司

根据《中华人民共和国合同法》及国家相关法律、法规之规定，甲乙双方本着平等互利的原则，就甲方委托乙方销售货物一事达成以下协议。

一、甲方委托乙方代销下列商品：

商品名称	规格型号	单位	数量	代销单价（不含税）	备注
液晶电视机	PM978	台	200	4000	
双开门冰箱	400E6X5D	台	100	4200	

二、合作方式：双方商定的合作方式为代销方式，甲方负责提供商品，乙方负责销售商品，乙方按照销售实际数量以不含税售价的 8%收取手续费（含税），手续费需开具增值税专用发票给甲方。

三、代销期限：2020 年 6 月 1 日到 2021 年 6 月 1 日

四、报酬结算方式：已售出商品乙方应于当月 28 日前向甲方提供代销清单，经双方盖章确认后进行结算，手续费直接从代销销售款中扣除。

五、交货方式和费用承担：交货方式：一次性发货，交货时间：2020 年 6 月 1 日，交货地点：乙方经营所在地，运费：由委托方承担。

六、权利与义务：

1. 甲方需向乙方提供产品质量保证等资料；

2. 产品质量问题导致消费者退货或者致使乙方受到有关政府部门查出，甲方应当积极参与调查处理并赔偿因此给乙方造成的全部经济损失；

3. 代销到期后，以其自己的名义开增值税专用发票；

4. 乙方需要按照甲方规定的销售价格进行销售；

5. 代销到期后，非乙方原因，甲方需接受所有乙方未销售的商品；

6. 乙方不得进行超出甲方规定范围的虚假商品宣传行为。

七、未尽事宜经双方协商可作为补充协议，与合同具有同等效力。

八、本合同自双方签字、盖章之日起生效；本合同壹式贰份，甲乙双方各执壹份。

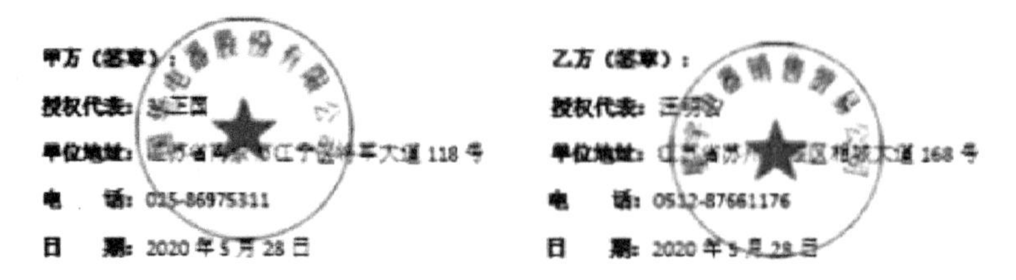

甲方（签章）：

授权代表：[illegible]

单位地址：[illegible]大道 118 号

电　　话：025-86975311

日　　期：2020 年 5 月 28 日

乙方（签章）：

授权代表：[illegible]

单位地址：[illegible]大道 168 号

电　　话：0512-87661176

日　　期：2020 年 5 月 28 日

图 6-13　委托代销合同

2020 年 11 月代销清单

2020 年 11 月 28 日

批次：202011053

日期	名称	规格	单位	含税价	数量	金额	备注
2020. 11. 3	液晶电视机	PM978	台	4520	4	18080	
2020. 11. 5	液晶电视机	PM978	台	4520	8	36160	
2020. 11. 5	双开门冰箱	400EGX5D	台	4746	5	23730	
2020. 11. 12	液晶电视机	PM978	台	4520	3	13560	
2020. 11. 12	双开门冰箱	400EGX5D	台	4746	6	28476	
2020. 11. 21	双开门冰箱	400EGX5D	台	4746	4	18984	
2020. 11. 25	液晶电视机	PM978	台	4520	5	22600	
合　计				–	–	161590	

本清单一式两份，双方各执一份，经双方盖章后生效。

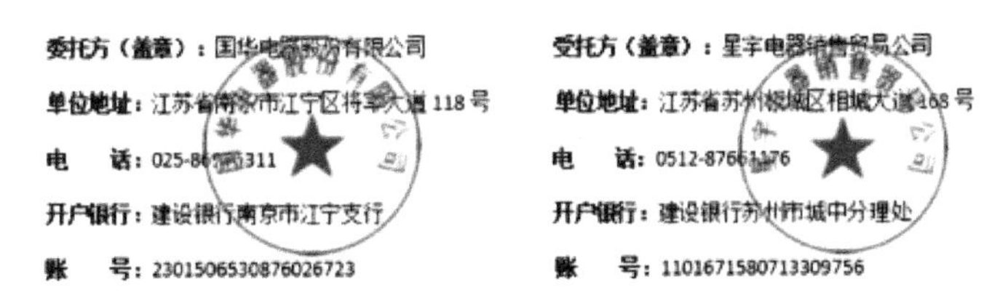

委托方（盖章）：国华电器股份有限公司
单位地址：江苏省南京市江宁区将军大道 118 号
电　　话：025-86975311
开户银行：建设银行南京市江宁支行
账　　号：2301506530876026723

受托方（盖章）：星宇电器销售贸易公司
单位地址：江苏省苏州相城区相城大道 168 号
电　　话：0512-87661176
开户银行：建设银行苏州市城中分理处
账　　号：1101671580713309756

注：6～10 月份已累计收到代销清单显示液晶电视机销售 80 台，双开门冰箱 65 台。

图 6-14　2020 年 11 月代销清单

3200191140　　江苏增值税专用发票　　№ 59348996　3200191140　59348996

此联不作报销、扣税凭证使用

机器编号：982888812388　　开票日期：2020年11月28日

购买方	名　　称：星宇电器销售贸易公司 纳税人识别号：61560410753317695D 地 址、电 话：江苏省苏州相城区相城大道168号0512-87661176 开户行及账号：建设银行苏州市城中分理处 1101671580713309756	密码区	#868#5*1>4>337%3984107>38946 %94—8#>0193121>59-3#024-*7% 3%12345#6%*6>-060%06>4>>8%4> *%4596#79*>#23>-2177#9936%5#

货物或应税劳务、服务名称	规格型号	单位	数量	单价	金额	税率	税额
*电子工业设备*液晶电视机	PM978	台	20	4,000.00	80,000.00	13%	10,400.00
*家用制冷器具*双开门冰箱	400EGX5D	台	15	4,200.00	63,000.00	13%	8,190.00
合　　计					¥143,000.00		¥18,590.00
价税合计（大写）	⊗壹拾陆万壹仟伍佰玖拾元整				（小写）¥161,590.00		

销售方	名　　称：国华电器股份有限公司 纳税人识别号：870141094754537689 地 址、电 话：江苏省南京市江宁区将军大道118号 025-86975311 开户行及账号：建设银行南京市江宁支行2301506530876026723	备注	校验码 52118 02817 08248 65199

收款人：黄丽婷　　复核：邓立俊　　开票人：李莹玉　　销售方：（章）

税总函[202X]××号×××公司

第一联：记账联　销售方记账凭证

图 6-15　销售发票

3200191140

江苏增值税专用发票

发票联

№ 82198279 3200191140 82198279

机器编号：982888812388

开票日期：2020年11月28日

购买方	名称：国华电器股份有限公司 纳税人识别号：870141094754537689 地址、电话：江苏省南京市江宁区将军大道118号 025-86975311 开户行及账号：建设银行南京市江宁支行2301506530876026723	密码区	*75181%0*2421*5-#83*>%056#5* 9-5785530619>#62816981535001 %>44#>7>4794*>*7-9-7##3240-1 6106%5**>63529>—91111813%4>

货物或应税劳务、服务名称	规格型号	单位	数量	单价	金额	税率	税额
*经纪代理服务*销售代理服务			1	10,792.45	10,792.45	6%	647.55
合计					¥10,792.45		¥647.55
价税合计（大写）	⊗壹万壹仟肆佰肆拾元整				（小写）¥11,440.00		

销售方	名称：星宇电器销售贸易公司 纳税人识别号：61560410753317695D 地址、电话：江苏省苏州相城区相城大道168号0512-87661176 开户行及账号：建设银行苏州市城中分理处 1101671580713309756	备注	校验码 52118 02817 08248 05190 61560410753317695D 发票专用章

收款人：艾钱 复核：张旭涛 开票人：吴彦祖 销售方：（章）

税总函[202X]××号×××公司

第三联：发票联 购买方记账凭证

图 6-16 采购发票

【计算结果】

计算结果如表 6-7 所示。

表 6-7 影响各税种的金额情况

是否存在问题	是
存在涉税疑点的税种	影响金额/元
增值税	62 920
城市维护建设税	4 404.4
教育费附加	1 887.6
地方教育费附加	1 258.4
企业所得税	−1887.6

【任务 6-5】 根据提供的原始凭证及记账凭证，判断涉税处理是否符合规定，如不符合规定，判断对增值税、附加税费、企业所得税的影响金额。如图 6-17～图 6-22 所示。

【实践教学指导】

（1）这是一笔报销差旅费业务，会计人员仅对取得专票的住宿费发票确认了进项税额，但火车票没有按规定计算进项税额。按增值税规定，纳税人购进国内旅客运输服务未取得增值税专用发票的，暂按照以下规定确定进项税额：取得注明旅客身份信息的铁路车票的，按照下列公式计算进项税额：铁路旅客运输进项税额＝票面金额÷（1＋9%）×9%。出租车发票未注明旅客信息，不能计算进项税额。

记 账 凭 证

2020 年 11 月 20 日　　　　记 字第 1122 号

摘要	总账科目	明细科目	记账√	借方金额 千	百	十	万	千	百	十	元	角	分	记账√	贷方金额 千	百	十	万	千	百	十	元	角	分
报销销售人员差旅费	销售费用	差旅费	√					2	2	5	0	0	0											
报销销售人员差旅费	应交税费	应交增值税（进项税额）	√							7	8	0	0											
报销销售人员差旅费	库存现金													√					2	3	2	8	0	0
合　计							¥	2	3	2	8	0	0					¥	2	3	2	8	0	0

附单据 7 张

财务主管 张晓娟　　记账 邓立俊　　出纳 黄丽婷　　审核 张晓娟　　制单 邓立俊

图 6-17　记账凭证

现金付讫

差 旅 费 报 销 单

部门 销售部　　2020 年 11 月 20 日

出差人	石中玉							出差事由	洽谈商务事宜						
出发				到达				交通工具	交通费		出差补贴		其他费用		
月	日	时	地点	月	日	时	地点		单据张数	金额	天数	金额	项目	单据张数	金额
11	16		南京	11	16		上海	火车	1	135.00			住宿费	1	1,378.00
11	18		上海	11	18		南京	火车	1	135.00			市内车费	2	150.00
													邮电费		
													办公用品费		
													不买卧铺补贴		
													其他	1	530.00
合　计									2	¥270.00				4	¥2,058.00
报销总额	人民币（大写） 贰仟叁佰贰拾捌元整							预借金额					补领金额	¥2,328.00	
													退还金额		

附件 6 张

主管 张晓娟　　审核 邓立俊　　出纳 黄丽婷　　领款人 石中玉

图 6-18　差旅费报销单

3100191140　　上海 增值税普通发票　　№ 62910331　　3100191140　62910331

发票联

机器编号：982888812388　　开票日期：2020年11月18日

购买方	名　　称：国华电器股份有限公司 纳税人识别号：870141094754537689 地 址、电 话：江苏省南京市江宁区将军大道118号 025-86975311 开户行及账号：建设银行南京市江宁支行2301506530876026723			密码区	—0772-45#5-60*75-8036*2>091 91551%56-%-1>258188%%851#79% 8*128#698%1%28*489153116-#2* 72-#107>7362%5#096#38211*138		
货物或应税劳务、服务名称	规格型号	单位	数量	单价	金额	税率	税额
*餐饮服务*餐费			1	500.00	500.00	6%	30.00
合　计					¥500.00		¥30.00
价税合计（大写）	⊗ 伍佰叁拾元整				（小写）¥530.00		
销售方	名　　称：上海金悦大酒店 纳税人识别号：932101137982430317 地 址、电 话：上海浦东区香楠鲁217号 021-53780129 开户行及账号：中信银行股份有限公司上海浦东分行3022900312021790410			备注	校验码 52118 02817 08248 65199		

收款人：吴自刚　　复核：张黎明　　开票人：王贺　　销售方：（章）

第二联：发票联　购买方记账凭证

税总函[202X]××号××××公司

图 6-19　采购发票（1）

3100191140

上海增值税专用发票

№ 83685294 3100191140 83685294

发票联

机器编号：982888812388 开票日期：2020年11月18日

购买方	名称：国华电器股份有限公司 纳税人识别号：870141094754537689 地址、电话：江苏省南京市江宁区将军大道118号 025-86975311 开户行及账号：建设银行南京市江宁支行2301506530876026723				密码区	2#141%70#*9-6385234#37>2508- 80>60->%**82%%91>%87#341*967 2%6*34%39158#21%%888076>4239 %0*3076%*03%51*10*>5#77546%0		
货物或应税劳务、服务名称	规格型号	单位	数量	单价	金额	税率	税额	
*住宿服务*住宿费		天	2	650.00	1,300.00	6%	78.00	
合计					¥1,300.00		¥78.00	
价税合计（大写）	⊗壹仟叁佰柒拾捌元整				（小写）¥1,378.00			
销售方	名称：上海金悦大酒店 纳税人识别号：932101137982430317 地址、电话：上海浦东区香楠鲁217号 021-53780129 开户行及账号：中信银行股份有限公司上海浦东分行 302290031202179041O				备注	校验码 52118 02817 08248 65199		

收款人：吴自刚 复核：张黎明 开票人：王贺 销售方：（章）

税总函[202X]××号×××××公司

第三联：发票联 购买方记账凭证

图 6-20 采购发票（2）

X575973 南京售

2020年11月16日09:00开 12车22号 二等座

南京站 G7005次 上海站

nanjingzhan shanghaizhan

¥135.00元 网

限乘当日当次车

石中玉

3207231987****0038

4657 3318 0685 0855 3631-1 和谐号

X578995 上海售

2020年11月18日16:18开 6车8A号 二等座

上海虹桥站 G152次 南京南站

shanghaihongqiaozhan nanjingnanzhan

¥135.00元 网

限乘当日当次车

石中玉

3207231987****0038

4657 3318 0585 0725 3641-2 和谐号

图 6-21 火车票

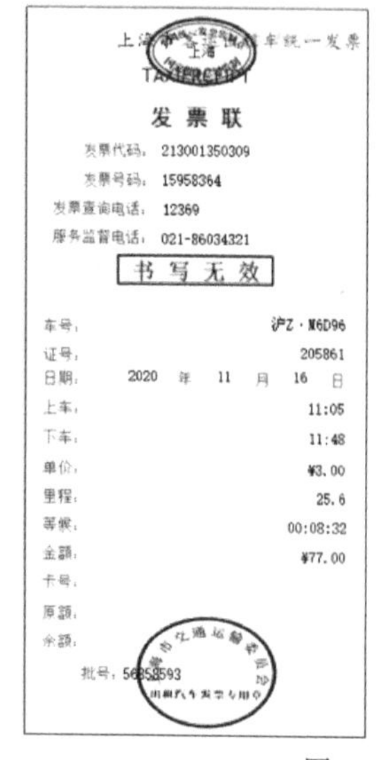

上海出租汽车统一发票

发票联

发票代码：213001350309

发票号码：15958364

发票查询电话：12369

服务监督电话：021-86034321

书写无效

车号	沪Z·M6D96
证号	205861
日期	2020年11月16日
上车	11:05
下车	11:48
单价	¥3.00
里程	25.6
等候	00:08:32
金额	¥77.00
卡号	
原额	
余额	

批号：56858593

上海出租汽车统一发票

发票联

发票代码：213001320003

发票号码：15755334

发票查询电话：12369

服务监督电话：021-86034321

书写无效

车号	沪Z·N8R83
证号	209571
日期	2020年11月18日
上车	14:44
下车	15:38
单价	¥3.00
里程	23.2
等候	00:15:21
金额	¥73.00
卡号	
原额	
余额	

批号：24825545

图 6-22 出租车发票

（2）影响各税种的金额计算

① 增值税（进项税额少计）应纳税额减少＝round（135/1.09×0.09，2）＋round（135/1.09×0.09，2）＝22.30（元）。

② 城市维护建设税、教育费附加、地方教育费附加应纳税费减少＝22.30×（7%＋3%＋2%）＝2.68（元）。

③ 企业所得税应纳税额增加＝24.62×0.25＝6.25（元）。

计算过程如下：多计销售费用22.30元，多计税金及附加2.68元，应纳税所得额增加＝22.30＋2.68＝24.98（元）。

【计算结果】

计算结果如表6-8所示。

表6-8 影响各税种的金额情况

是否存在问题	是
存在涉税疑点的税种	影响金额/元
增值税	－22.3
城市维护建设税	－1.56
教育费附加	－0.67
地方教育费附加	－0.45
企业所得税	6.25

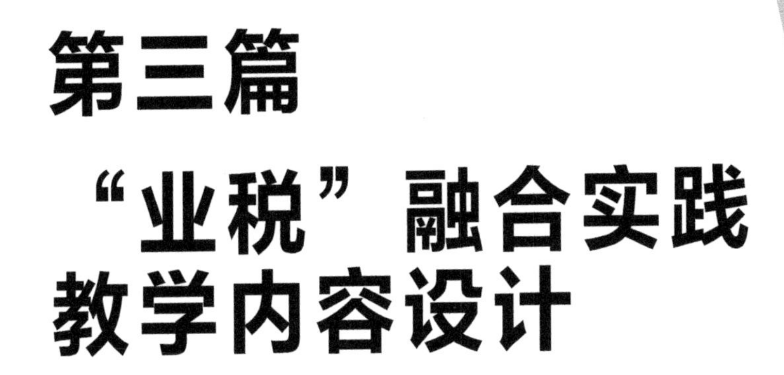

第三篇

“业税”融合实践教学内容设计

第七章
纳税筹划岗位实践教学内容设计

第一节　纳税筹划管理

纳税筹划是指在纳税行为发生之前，在不违反税法及相关法律法规的前提下，对纳税主体的投资、筹资、营运及分配行为等涉税事项作出事先安排，纳税筹划的外在表现是降低税负和延期纳税。

企业的纳税筹划必须遵循以下原则：合法性原则（时刻关注国家税收法律法规和税收优惠政策）、整体性原则（谋求整体税负的降低）、成本效益原则（选择净收益最大的方案）、先行性原则（在纳税义务发生前谋划）。

纳税筹划的方法主要包括：①减少应纳税额。企业可以通过利用税收优惠政策（包括免税政策、减税政策、退税政策、税收扣除政策、税率差异政策、分劈技术等）和转让定价来实现减少应纳税额的目标。②延迟纳税。利用会计处理方法进行递延纳税，主要包括存货计价方法的选择和固定资产折旧的纳税筹划等。

一、筹资阶段纳税筹划

企业筹资阶段，因内部筹资无筹资费用，股东无须承担双重税负，因此内部筹资可以减少股东税收负担。内部筹资一般不能满足企业全部资金需求，企业还需要进行外部筹资。使用负债外部筹资的利息在计算应纳税所得额时税前扣除，能降低企业税收负担。但是负债筹资会带来较高的财务风险，要权衡利弊，控制好资本结构，同时确保总资产报酬率（息税前）大于债务利息率。

二、投资阶段纳税筹划

1. 直接对外投资纳税筹划

纳税人可以在投资组织形式、投资行业、投资地区和投资收益取得方式的选择上进行筹划。

（1）公司制企业还是合伙制企业

公司制企业存在双重纳税问题，企业营业利润要缴纳企业所得税，税后利润发放给股东，股东要缴纳个人所得税。合伙制企业各个合伙人只就分得的合伙收益缴纳个人所得税。

（2）分公司还是子公司

子公司需要独立申报缴纳企业所得税，分公司由总公司汇总计算缴纳企业所得税。应根据企业分支机构可能存在的盈亏情况、税率差别等因素来决定分支机构的设立形式，以合法、合理地降低税收负担。

【任务7-1】 甲公司是一家知名企业，2021年准备在其他城市开设20家分店，由于都是新成立，初步预算这20家店每家利润不到100万元。要求计算并分析甲公司是设立分公司还是设立子公司对企业发展更有利。不考虑应纳税所得额的调整因素，企业所得税税率为25%。

【实践教学指导】

① 若是设立分公司，由于企业所得税需要汇总纳税，汇总后超过了小型微利企业标准，没法享受小微企业税收优惠，需要按照25%缴纳企业所得税。20家店合计应纳企业所得税＝20×100×25%＝500（万元）。

② 若是设立子公司，由于每家店不论从人员人数、资产总额还是应纳税所得额看，都符合小型微利企业标准，可以享受小微企业税收优惠，按照5%税负缴纳企业所得税。20家店合计应纳企业所得税＝20×100×5%＝100（万元），节税＝500－100＝400（万元）。

③ 纳税筹划的要点是分支机构能否享受小型微利企业税率优惠政策。

【任务7-2】 甲公司是一家知名企业，2021年准备在其他城市开设A分店，由于是新成立，未来三年内，初步预算A分店可能处于亏损状态，预计第一年亏损400万元，同年总部将盈利800万元。要求计算并分析甲公司是设立分公司还是设立子公司对企业发展更有利。不考虑应纳税所得额的调整因素，企业所得税税率为25%。

【实践教学指导】

① 假设采取分公司形式设立A分店，则企业总部应缴所得税为＝(－400＋800)×25%＝100（万元）。

② 假设采取子公司形式设立A分店，则企业总部应缴所得税＝800×25%＝200（万元），A分店当年亏损所以不需要缴纳所得税，其亏损额需留至下一年度税前弥补。

③ 通过上述分析可知，如果将A分店设立为分公司，则A分店的亏损在发生当年就可以由公司总部弥补，与设立为子公司相比较，甲公司获得了提前弥补亏损

的税收利益；如果将A分店设立为子公司形式，则其经营初期的亏损只能由以后年度的盈余弥补。此外，由于预计在未来3年内，A分店可能都会面临亏损，如果将其设立为子公司，A分店面临着不能完全弥补亏损的风险，可能会失去亏损弥补的抵税收益。因此，将A分店设立为分公司对甲公司更为有利。

（3）投资行业的选择

应选择税收负担较轻的行业，比如选择国家重点扶持的高新技术企业（企业所得税税率15%）、技术先进型服务企业（企业所得税税率15%）、投资创业投资企业可以按投资额的70%抵扣应纳税所得额。

（4）投资地区的选择

选择在西部地区投资属于国家鼓励类产业企业，企业所得税税率15%。在海外投资时，选择有税收优惠较多的国家进行投资。

（5）投资收益取得方式选择

以股息红利方式取得可以免税，以资本利得方式取得投资收益需要缴纳企业所得税。

2. 直接对内投资纳税筹划

自主研究开发费用能够加计扣除。自2018年1月1日至2020年12月31日，企业开展研发活动中实际发生的研发费用，未形成无形资产计入当期损益的，在按规定据实扣除的基础上，再按照本年度实际发生额的75%从本年度应纳税所得额中扣除；形成无形资产的，按照无形资产成本的175%在税前摊销。制造业企业开展研发活动中实际发生的研发费用，未形成无形资产计入当期损益的，在按规定据实扣除的基础上，自2021年1月1日起，再按照实际发生额的100%在税前加计扣除；形成无形资产的，自2021年1月1日起，按照无形资产成本的200%在税前摊销。

三、营运阶段纳税筹划

1. 采购环节纳税筹划

采购环节主要影响增值税进项税额。

（1）增值税纳税人类型的选择

增值税一般纳税人以不含税的增值额为计税基础，小规模纳税人以不含税销售额为计税基础，在销售价格相同的情况下，税负的高低主要取决于增值率的大小。一般来说，增值率高的企业，适宜作为小规模纳税人；反之，适宜作为一般纳税人。当增值率达到某一数值时，两类纳税人的税负相同，这一数值被称为无差别平衡点增值率

【任务7-3】 设X为增值率，S为不含税销售额，P为不含税购进额，假定一般纳税人适用的增值税税率为a，小规模纳税人的征收率为b，试求解无差别平衡点增值率。

【实践教学指导】

① 无差别平衡点增值率计算过程

设 X 为增值率，S 为不含税销售额，P 为不含税购进额，假定一般纳税人适用的增值税税率为 a，小规模纳税人的征收率为 b，则：

增值率 $X=(S-P)\div S$

一般纳税人应纳增值说 $=S\times a-P\times a=X\times S\times a$

小规模纳税人应纳增值税 $=S\times b$

令 $X\times S\times a=S\times b$

得到不含税平衡点 $X=b/a$

含税平衡点 $X=b\times 1.13$（或 1.09 或 1.06）$/a\times 1.03$

计算结果如表 7-1 所示。

表 7-1 无差别平衡点增值率

一般纳税人适用税率 (a)	小规模纳税人征收率 (b)	不含税平衡点增值率 (X=b/a)
13.00%	3.00%	23.08%
9.00%	3.00%	33.33%
6.00%	3.00%	50.00%
一般纳税人适用税率 (a×1.03)	小规模纳税人征收率 (b×1.13/1.09/1.06)	不含税平衡点增值率
13.39%	3.39%	25%
9.27%	3.27%	35%
6.18%	3.18%	51%

② 结论如下：由以上计算可知，一般纳税人与小规模纳税人的不含税无差别平衡点的增值率为 b/a，当一般纳税人适用的增值税税率为 13%，小规模纳税人的征收率为 3%时，所计算出的无差别平衡点增值率为 23.08%。若企业的增值率等于 23.08%，选择成为一般纳税人或小规模纳税人在税负上没有差别，其应纳增值税额相同。若企业的增值率小于 23.08%，选择成为一般纳税人税负较轻；反之，选择小规模纳税人较为有利。

举例说明如下：A 商品一般纳税人适用的增值税税率为 13%，小规模纳税人的征收率为 3%。假设甲增值税纳税人 2019 年 6 月购进 A 商品不含税价格为 14 500 元，当月实现的不含税销售额为 20 000 元。不考虑其他因素，计算甲公司经销 A 商品的增值率，甲公司适宜选择作哪类纳税人?

因无差别平衡点增值率=3%/13%=23.08%。甲公司经销 A 商品的增值率=(20 000－14 500)/20 000=27.5%，高于无差别平衡点增值率，则一般纳税人税负重于小规模纳税人税负，甲公司适宜选择作小规模纳税人。

（2）供应商的选择

一般纳税人从一般纳税人处采购的货物，增值税进项税额可以抵扣。一般纳税人从小规模纳税人处采购的货物，增值税不能抵扣（由税务机关代开的除外）。为了弥补购货人的损失，小规模纳税人有时会在价格上给予优惠。在选择购货对象时，要综合考虑由于价格优惠所带来的成本的减少和不能抵扣的增值税带来的成本费用的增加。

【任务7-4】 甲企业为生产并销售A产品的增值税一般纳税人，适用的增值税税率为13%。现有X、Y、Z三个公司可以为其提供生产所需原材料，其中X为一般纳税人，且可以提供增值税专用发票，适用的增值税税率为13%；Y为小规模纳税人，可以委托税务机关开具增值税税率为3%的发票；Z为个体工商户，目前只能出具普通发票。X、Y、Z三家公司提供的原材料质量无差别，所提供的每单位原材料的含税价格分别为90.4元、84.46元和79元。A产品的单位含税售价为113元，假设城市维护建设税税率为7%，教育费附加税率为3%。

要求：从利润最大化角度考虑甲企业应该选择哪家企业作为原材料供应商。

【实践教学指导】

A产品的不含税单价＝113÷(1＋13%)＝100（元）；每单位A产品的增值税销项税额＝100×13%＝13（元）；由于甲企业的购货方式不会影响到企业的期间费用，所以在以下计算过程中省略期间费用。

① 从X处购货：单位成本＝90.40÷(1＋13%)＝80（元）；可以抵扣的增值税进项税额＝80×13%＝10.40（元）；应纳增值税＝13－10.40＝2.60（元）；税金及附加＝2.60×(7%＋3%)＝0.26（元）；单位产品税后利润＝(100－80－0.26)×(1－25%)＝14.805（元）。

② 从Y处购货：单位成本＝84.46÷(1＋3%)＝82（元）；可以抵扣的增值税进项税额＝82×3%＝2.46（元）；应纳增值税＝13－2.46＝10.54（元）；税金及附加＝10.54×(7%＋3%)＝1.054（元）；单位产品税后利润＝(100－82－1.054)×(1－25%)＝12.7095（元）。

③ 从Z处购货：单位成本＝79元；可以抵扣的增值税进项税额＝0；应纳增值税＝13元；税金及附加＝13×(7%＋3%)＝1.3（元）；单位产品税后利润＝(100－79－1.3)×(1－25%)＝14.775（元）。

由上可知，在一般纳税人处购买原材料所获利润最大，所以应该选择X公司作为原材料供应商。

（3）结算方式的选择

赊购不仅可以获得推迟付款的好处，还可以在赊购当期抵扣进项税额，在赊购、现金、预付三种购货方式的价格无明显差异时，尽可能选择赊购方式。

2. 生产环节纳税筹划

（1）存货计价方法的选择

企业预计长期盈利或处于非税收优惠期间，为了少交税，就要想办法让利润降到最低，从而要选择本期发出存货成本较大的计价方法；企业预计亏损或处于减税、免税等税收优惠期间，就要利用亏损弥补的政策以及减免税的政策，尽量使利润较大，因此要选择使本期发出存货成本较小的计价方法。

（2）固定资产的纳税筹划

如果预期企业较长时期盈利，新增固定资产入账价值尽可能低，尽可能在当期扣除相关费用，同时，尽量缩短折旧年限或采用加速折旧法；如果属于亏损企业和享受税收优惠的企业，合理预计企业的税收优惠期间或弥补亏损所需年限，采用适当的折旧安排，尽量在税收优惠期间和亏损期间少提折旧，以达到抵税收益最大化。

（3）期间费用的纳税筹划

企业在生产经营过程中所发生的费用和损失，只有部分能够计入所得税扣除项目，且有些扣除项目还有限额规定。例如企业发生的招待费支出，按照发生额的60％扣除，但最高不得超过当年销售收入的5‰。因此，企业应该严格规划招待费的支出时间，对于金额巨大的招待费，争取在两个或多个会计年度分别支出，从而使扣除金额最多。

3. 销售环节纳税筹划

（1）结算方式的选择

不同销售结算方式中纳税义务的发生时间不同，这为企业进行纳税筹划提供了可能。如：分期收款结算方式以合同约定日期为纳税义务发生时间；委托代销商品方式下，委托方在收到销货清单时确认销售收入，产生纳税义务。销售结算方式的筹划应在税法允许的范围内，尽量采取有利于本企业的结算方式。

（2）促销方式的选择

如果销售额和折扣额在同一张发票上注明，可以以销售额扣除折扣额后的余额作为计税金额，减少企业的销项税额。从税负角度考虑，企业应选择使净现金流量最大的促销方式。

四、分配阶段纳税筹划

1. 亏损弥补筹划

当企业发生亏损后，纳税筹划的首要任务是增加收入或减少可抵扣项目，使应纳税所得额尽可能多，以尽快弥补亏损，获得抵税收益。例如，可以利用税法允许的资产计价和摊销方法的选择权，少列扣除项目和扣除金额，使企业尽早盈利以及时弥补亏损。

2. 股利分配筹划

自然人投资者持股期限超过1年，股息红利所得暂免征收个人所得税；持股期限在1个月以内（含1个月），股息红利所得全额计入应纳税所得额；持股期限在1个月以上至1年（含1年），暂减按50%计入应纳税所得额。股票转让所得收益，不征收个人所得税，但投资个人在股票交易时需承担成交金额1‰的印花税。

投资企业（无论是否为居民企业）从居民企业取得的股息等权益性收益所得只要符合相关规定都可享受免税收入待遇；投资企业通过股权转让等方式取得的投资收益需要计入应纳税所得额，按企业适用的所得税税率缴纳企业所得税。

第二节　纳税筹划实例

【任务7-5】 国华电器股份有限公司为迎接寒冬取暖电器的销售热潮，拟于2020年11月购进适合家庭浴室、卧室及办公室场所使用的小型电暖风机500台，采购部根据采购要求进行招标后，筛选出两家比较符合条件的供应商，华达电器公司（一般纳税人）和元丰小型家电公司（小规模纳税人）。现购买方案有以下两种。

方案一：选择华达电器公司购买小型电暖风机，其销售价格为158元/个；

方案二：选择元丰小型家电公司购买小型电暖风机，其销售价格为136元/个。

公司总经理让财务部门对两个方案进行测算，以便做出选择。

说明：

（1）这两家均提供同类型的电暖风机，且产品质量和市场口碑相同，选取任何一家产品均不会影响到市场销售情况。预计11月销售暖风机收入可达到80万元。

（2）除购置电暖风机的成本外，不考虑其他成本的影响因素。

（3）以上数据均含税，华达电器公司可自行开具增值税专用发票，元丰小型家电公司由税务机关代开3%征收率的增值税专用发票。

（4）净利润的影响额为正数表示影响净利润增加，负数表示影响净利润减少。

【实践教学指导】

暖风机不含税销售额＝800 000/1.13＝707 964.60（元）；暖风机的增值税销项税额＝707 964.60×13%＝92 035.40（元）；由于企业的购货方式不会影响到企业的期间费用，所以在以下计算过程中省略期间费用。

（1）从华达电器公司（一般纳税人）处购货：成本＝158/1.13×500＝69 911.50（元）；可以抵扣的增值税进项税额＝69 911.50×0.13＝9 088.50（元）；应纳增值税＝92 035.40－9 088.50＝82 946.90（元）；税金及附加＝82 946.90×(7%＋3%＋2%)＝9 953.63（元）；税后利润＝(800 000－69 911.50－9 953.63)×(1－25%)＝540 101.15（元）。

（2）从元丰小型家电公司（小规模纳税人）处购货：成本＝136/1.03×500＝

66 019.42（元）；可以抵扣的增值税进项税额＝66 019.42×3％＝1 980.58（元）；应纳增值税＝66 019.42－1 980.58＝64 038.84（元）；税金及附加＝64 038.84×（7％＋3％＋2％）＝7 684.66（元）；税后利润＝（800 000－66 019.42－7 684.66）×（1－25％）＝544 721.94（元）。

（3）按照净利润最大化原则，选择最优的方案是：方案二。

【任务 7-6】 为了提高 2020 年的市场销售份额，提升公司的竞争力，以热销产品空气炸锅为试点探索新的营销模式。10 月份公司决定与万鑫商场展开合作，提升产品零售能力。若销售额大幅提升，后续将加大合作力度，拓展合作产品范围。在洽谈过程中，有两个方案可选择。

方案一：公司与商场签订委托代销合同，代销价格每个 189 元，商场可以以每个 249 元的价格对外零售，公司不单独支付任何费用；

方案二：公司与商场签订租赁合同租赁柜台。公司以每个 249 元的价格对外零售，每月支付租金 42 000 元，驻商场营业人员工资 4 200 元。

说明：

（1）根据市场部预测分析，受商场促销等节日气氛影响，当月销售该款空气炸锅 3 000 个。

（2）已知该款空气炸锅购进成本为 132 元/个。

（3）从公司到万鑫商场的货物运输费用由本公司承担，已知运输费用为 1.85 元/个。

（4）以上数据均含税，进项税额只考虑购进空气炸锅、运输费用和支付商场租金（均取得增值税专用发票）。

（5）本业务只考虑增值税、税金及附加、企业所得税。

【实践教学指导】

（1）这个纳税筹划的要点是委托代销还是自营。

（2）方案一属于委托代销，税后利润计算过程如下：

① 收入＝3 000×189/1.13＝501 769.91（元）；

② 成本及费用＝132×3 000/1.13＋1.85×3 000/1.09＝355 534.22（元）；

③ 销项税额＝501 769.91×0.13＝65 230.09（元）；

④ 进项税额＝132×3 000/1.13×0.13＋1.85×3 000/1.09×0.09＝46 015.78（元）；

⑤ 应纳增值税＝65 230.09－46 015.78＝19 214.31（元）；

⑥ 税金及附加＝19 214.31×（7％＋3％＋2％）＝2 305.72（元）；

⑦ 应纳税所得额＝501 769.91－355 534.22－2 305.72＝143 929.97（元）；

⑧ 应纳企业所得税＝143 929.97×0.25＝35 982.49（元）；

⑨ 税后利润＝143 929.97－35 982.49＝107 947.48（元）。

（3）方案二属于自营，税后利润计算过程如下：

① 收入＝3 000×249/1.13＝661 061.95（元）；

② 成本及费用＝132×3 000/1.13＋1.85×3 000/1.09＋42 000/1.09＋4 200＝398 266.33（元）；

③ 销项税额＝661 061.95×0.13＝85 938.05（元）；

④ 进项税额＝132×3 000/1.13×0.13＋1.85×3 000/1.09×0.09＋42 000/1.09×0.09＝49 483.67（元）；

⑤ 应纳增值税＝85 938.05－49 483.67＝36 454.38（元）；

⑥ 税金及附加＝36 454.38×(7%＋3%＋2%)＝4 374.53（元）；

⑦ 应纳税所得额＝661 061.95－398 266.33－4 374.53＝258 421.09（元）；

⑧ 应纳企业所得税＝258 421.09×0.25＝64 605.27（元）；

⑨ 税后利润＝258 421.09－64 605.27＝193 815.82（元）。

（4）按照净利润最大化原则，方案二税后利润比方案一多 85 868.34 元，应选择方案二。

【任务 7-7】 由于公司在销售空调的同时，负责空调的安装，随着安装业务量的增加，公司考虑是否需要单独成立安装公司，对两种方案进行对比。

方案一：成立一家独立的公司承接空调的安装业务，以包含安装费用的销售价格对外销售产品，但销售产品和安装业务分别核算；

方案二：不设立独立的安装公司，继续按照包含安装费用的销售价格对外销售产品。

公司产品销售情况如表 7-2 所示。

表 7-2 2020 年公司产品销售情况 单位：元

产品	销售数量/台	销售单价（含税）	销售金额（含税）	含安装费单价（含税）	含安装费销售金额（含税）
挂机空调 QC174	1 600	3 616	5 785 600	3 816	6 105 600
挂机空调 MC135D	3 200	3 280	10 496 000	3 480	11 136 000
2P 柜机空调	2 400	3 680	8 832 000	3 980	9 552 000
3P 柜机空调	1 500	6 380	9 570 000	6 780	10 170 000
10P 柜机空调	200	22 600	4 520 000	23 600	4 720 000
合计	8 900	—	39 203 600	—	41 683 600

假设公司产品毛利率 20%，安装一个挂机空调的成本是 150 元，安装一个 2P 柜机空调的成本是 240 元，安装一个 3P 柜机空调的成本是 360 元，安装一个 10P 柜机空调的成本是 800 元，不考虑其他费用（假设忽略成立公司的开办费用等）。

说明：本业务只考虑增值税销项税额、税金及附加、企业所得税。

【实践教学指导】

(1) 这个纳税筹划的要点是选择混合销售还是兼营行为。

(2) 方案一成立一家独立的公司承接空调的安装业务，以包含安装费用的销售价格对外销售产品，但销售产品和安装业务分别核算，那么方案一的安装业务和销售产品属于兼营行为，安装费适用税率9%计算销项税额，销售产品业务适用税率13%计算销项税额。税后利润计算过程如下：

① 营业收入= 39 203 600/1.13+(41 683 600−39 203 600)/1.09
=36 968 680.69 (元)；

② 营业成本=39 203 600/1.13×(1−20%)+1 600×150+3 200×150+2 400×240+1 500×360+200×800=29 750 761.06 (元)；

③ 应纳增值税税额= 39 203 600/1.13×0.13+(41 683 600−39 203 600)/1.09×0.09=4 714 919.31 (元)；

④ 税金及附加=4 714 919.31×(7%+3%+2%)=565 790.32 (元)；

⑤ 毛利=36 968 680.69−29 750 761.06=7 217 919.62 (元)；

⑥ 利润总额=7 217 919.62−565 790.32=6 652 129.31 (元)；

⑦ 应纳企业所得税税额=6 652 129.31×0.25=1 663 032.33 (元)；

⑧ 税后利润=6 652 129.31−1 663 032.33=4 989 096.98 (元)。

(3) 方案二不设立独立的安装公司，继续按照包含安装费用的销售价格对外销售产品，属于混合销售行为，按主业缴纳增值税。公司的主业是销售货物，故安装费收入应当按照13%税率计算销项税额。税后利润计算过程如下：

① 营业收入= 41 683 600/1.13=36 888 141.59 (元)；

② 营业成本=39 203 600/1.13×(1−20%)+1 600×150+3 200×150+2 400×240+1 500×360+200×800=29 750 761.06 (元)；

③ 应纳增值税税额= 41 683 600/1.13×0.13=4 795 458.41 (元)；

④ 税金及附加=4 795 458.41×(7%+3%+2%)=575 455.01 (元)；

⑤ 毛利=36 888 141.59−29 750 761.06=7 137 380.53 (元)；

⑥ 利润总额=7 137 380.53−575 455.01=6 561 925.52 (元)；

⑦ 应纳企业所得税税额=6 561 925.52×0.25=1 640 481.38 (元)；

⑧ 税后利润=6 561 925.52−1 640 481.38=4 921 444.14 (元)。

(4) 方案一比方案二税后利润多67 652.84元 (4 989 096.98−4 921 444.14)。按照利润最大化原则，应选择方案一。

【任务7-8】 2021年3月31日本公司拟与新鸿公司签订4月份关于毛巾的销售合同，合同含税金额为226万元。针对合同内容，本公司拟定以下两个方案。

方案一：合同约定新鸿公司在10天内付款，给予2%同类商品作为奖励（收款时奖励商品与销售商品一同开具增值税专用发票）；

方案二：合同约定新鸿公司在10天内付款，则在下次采购同类商品时给予对方本次销售合同含税金额2%的优惠（预计对方100%享受优惠）。

假设该批毛巾的毛利率为25%，其中材料成本占总成本的90%（进项税额只考虑材料成本金额），以上两个方案新鸿公司均能接受。

假设以上两个方案新鸿公司都在10天内付款，请根据以上资料计算两个方案的利润总额和应交增值税（注：不考虑货币时间价值）。

【实践教学指导】

（1）方案一属于实物奖励，将奖励商品的销售额包含在正常销售商品销售额中，降低了销售单价，提高了销量（收款时奖励商品与销售商品一同开具增值税专用发票）。实物商品奖励导致主营业务成本、增值税进项税额增加。税后利润计算过程如下：

① 主营业务收入＝226/1.13＝200（万元）；

② 主营业务成本＝200×(1－25%）×1.02＝153（万元）；

③ 增值税销项税额＝226/1.13×0.13＝26（万元）；

④ 增值税进项税额＝153×90%×0.13＝17.90（万元）；

⑤ 应交增值税＝26－17.90＝8.10（万元）；

⑥ 税金及附加＝8.10×(7%＋3%＋2%）＝0.97（万元）；

⑦ 利润总额＝200－153－0.97＝46.03（万元）；

⑧ 所得税费用＝46.03×0.25＝11.51（万元）；

⑨ 税后利润＝46.03－11.51＝34.52（万元）。

（2）方案二属于现金奖励，总销售额需要在正常销售额与下月的奖励销售额之间进行分配，导致本月销售额下降。因属于现金奖励，主营业务成本、增值税进项税额较方案一下降。税后利润计算过程如下：

① 主营业务收入＝226/1.13×200/(200＋200×2%）＝196.08（万元）；

② 主营业务成本＝200×(1－25%）＝150（万元）；

③ 增值税销项税额＝226/1.13×0.13＝26（万元）；

④ 增值税进项税额＝150×90%×0.13＝17.55（万元）；

⑤ 应交增值税＝26－17.55＝8.45（万元）；

⑥ 税金及附加＝8.45×(7%＋3%＋2%）＝1.01（万元）；

⑦ 利润总额＝196.08－150－1.01＝45.07（万元）；

⑧ 所得税费用＝45.07×0.25＝11.27（万元）；

⑨ 税后利润＝45.07－11.27＝33.80（万元）。

（3）通过以上计算结果可以看到，方案一的主营业务收入、利润总额、税后利润大于方案二，方案一的应交增值税、税金及附加小于方案二，按照净利润最大化原则，方案二税后利润比方案一多0.72万元，应选择方案一。

【任务7-9】 公司（委托方）即将与甲公司（受托方）签订摇篮伞车的代销协议，摇篮伞车不含税售价为800.00元/辆。甲公司为一般纳税人，所得税税率为

25%，城建税税率为 7%，教育费附加为 3%，地方教育费附加为 2%。有如下 3 个方案可供选择。

方案一：甲公司按进价 800.00 元/辆（不含税）的价格对外销售，且另外开票收取代销手续费 106.00 元/辆；

方案二：甲公司按 750.00 元/辆（不含税）的价格视同买断式进行代销，在市场上仍旧以 800.00 元/辆（不含税）的价格销售，另外开票收取代销手续费 53.00 元/辆；

方案三：甲公司按 700.00 元/辆（不含税）的价格视同买断式进行代销，在市场上仍旧以 800.00 元/辆（不含税）的价格销售。

假设：摇篮伞车的单位成本为 450.00 元/辆，甲公司的销售量为 10 000 辆；该环节无其他期间费用，也无其他进项税可抵扣。

要求：请根据以上资料，填制委托代销净收益计算表（表 7-3，不考虑税收优惠政策）。

表 7-3 委托代销净收益计算表 单位：元

项目	方案 1	方案 2	方案 3
委托代销收入			
委托代销成本			
增值税			
税金及附加			
期间费用			
利润总额			
所得税费用			
净利润			

【实践教学指导】

根据委托代销协议，确定各方案的委托代销收入，并按此确定各方案的销项税额。委托代销手续费计期间费用“销售费用”，适用增值税税率 6%，计算进项税额。各方案计算过程如表 7-4 所示。

表 7-4 各方案委托代销净收益计算过程

项目	方案 1	方案 2	方案 3
委托代销收入①	=800×10 000	=750×10 000	=700×10 000
委托代销成本②	=450×10 000	=450×10 000	=450×10 000
增值税③	=①×0.13−⑤×0.06	=①×0.13−⑤×0.06	=①×0.13−⑤×0.06
税金及附加④	=③×0.12	=③×0.12	=③×0.12
期间费用⑤	=106/1.06×10 000	=53/1.06×10 000	0

续表

项目	方案 1	方案 2	方案 3
利润总额⑥	=①-②-④-⑤	=①-②-④-⑤	=①-②-④-⑤
所得税费用⑦	=⑥×0.25	=⑥×0.25	=⑥×0.25
净利润⑧	=⑥-⑦	=⑥-⑦	=⑥-⑦

【计算结果】

计算结果如表 7-5 所示。

表 7-5 委托代销净收益计算表 单位：元

项目	方案 1	方案 2	方案 3
委托代销收入	8 000 000	7 500 000	7 000 000
委托代销成本	4 500 000	4 500 000	4 500 000
增值税	980 000	945 000	910 000
税金及附加	117 600	113 400	109 200
期间费用	1 000 000	500 000	0
利润总额	2 382 400	2 386 600	2 390 800
所得税费用	595 600	596 650	597 700
净利润	1 786 800	1 789 950	1 793 100

决策：从公司利润最大化的角度考虑，公司应选择方案 3。

【任务 7-10】 公司管理部职员李阳的妻子张洁是北京居民，原是一家培训机构的高级培训讲师。2019 年 1 月，因为家庭需要，她辞去工作成了一位全职太太。由于在培训界具有一定的知名度，2019 年 3 月，某家上市公司邀请张洁，以其个人的名义为该公司的管理人员进行为时 5 天的培训，张洁此次培训的住宿、餐饮等各种费用需要 5 000.00 元。该公司为此次培训报酬的支付方式提出了以下两个方案供其选择。

方案 1：按照培训费用 125 000.00 元签订合同，其他住宿、餐饮等所有费用均由张洁自理；

方案 2：按照培训费用 120 000.00 元签订合同，其他住宿、餐饮等所有费用均由公司承担。

假设：张洁在 2019 年度无其他收入，且无其他任何可扣除项目。

要求：请根据以上资料，计算 2019 年度张洁的应交个人所得税。

【实践教学指导】

方案 1 应纳税所得额=125 000×(1-20%)-60 000=40 000 元；方案 2 应纳税所得额=120 000×(1-20%)-60 000=36 000 元。根据个人所得税综合所得个人所得税税率表，方案 1 适用税率 10%，速算扣除数 2 520，方案 2 适用税率 3%，速算扣除数 0。

【计算结果】

计算结果如表 7-6 所示。

表 7-6 应交个人所得税计算表 单位：元

项目	方案 1	方案 2
收入额	125 000	120 000
应纳税所得额	40 000	36 000
税率	10%	3%
速算扣除数	2 520	0
应交个人所得税税额	1 480	1 080

从个人节税增收的角度出发，张洁应选择方案 2。

第八章

税务风险管理岗位实践教学内容设计

第一节　税务风险指标计算

根据国家税务总局《关于印发〈纳税评估管理办法（试行）〉的通知（国税发〔2005〕43 号）》的相关规定，计算以下涉税风险指标值并进行相应分析。

一、通用指标及功能

（一）收入类评估分析指标及其计算公式和指标功能

主营业务收入变动率＝（本期主营业务收入－基期主营业务收入）÷基期主营业务收入×100％。如主营业务收入变动率超出预警值范围，可能存在少计收入问题和多列成本等问题，运用其他指标进一步分析。

【任务 8-1】 营业收入变动率的行业预警值为 7.32％，内蒙古沃达阀门有限公司 2019 年至 2021 年营业收入如表 8-1 所示。分别计算 2020 年、2021 年营业收入变动率及偏离度。

表 8-1　2019 年至 2021 年营业收入　　单位：元

项目	2021 年	2020 年	2019 年
营业收入	171 495 259.00	195 032 300.00	197 450 983.00

【实践教学指导】

（1）根据主营业务收入变动率计算公式，2020 年、2021 年营业收入变动率及偏离度计算结果如表 8-2 所示。

表 8-2 2020 年、2021 年营业收入变动率及偏离度

年份	变动率	预警值	偏离度
2021 年	−12.07%	7.32%	−264.87%
2020 年	−1.22%	7.32%	−116.73%

（2）分析计算结果。从计算结果可以看出，企业 2020 年至 2021 年营业收入变动率严重偏离行业预警值，可能存在少计收入多列成本等问题。

（二）成本类评估分析指标及其计算公式和功能

（1）单位产成品原材料耗用率＝本期投入原材料÷本期产成品成本×100%。

分析单位产品当期耗用原材料与当期产出的产成品成本比率，判断纳税人是否存在账外销售问题、是否错误使用存货计价方法、是否人为调整产成品成本或应纳所得额等。

（2）主营业务成本变动率＝（本期主营业务成本－基期主营业务成本）÷基期主营业务成本×100%，其中：主营业务成本率＝主营业务成本÷主营业务收入。

主营业务成本变动率超出预警值范围，可能存在销售未计收入、多列成本费用、扩大税前扣除范围等问题。

【任务 8-2】 营业成本变动率的行业预警值为 7.28%，内蒙古沃达阀门有限公司 2019 年至 2021 年营业成本如表 8-3 所示。分别计算 2020 年、2021 年营业成本变动率及偏离度。

表 8-3 2019 年至 2021 年营业成本　　单位：元

项目	2021 年	2020 年	2019 年
营业成本	163 974 211.00	186 208 049.00	188 708 891.00

【实践教学指导】

（1）根据主营业务成本变动率计算公式，2020 年、2021 年营业成本变动率及偏离度计算结果如表 8-4 所示。

表 8-4 2020 年、2021 年营业成本变动率及偏离度

年份	变动率	预警值	偏离度
2021 年	−11.94%	7.28%	−264.02%
2020 年	−1.33%	7.28%	−118.20%

（2）分析计算结果。从计算结果可以看出，企业 2020 年至 2021 年营业成本变动率严重偏离行业预警值，可能存在少计收入多列成本等问题。

（三）费用类评估分析指标及其计算公式和指标功能

（1）主营业务费用变动率＝（本期主营业务费用－基期主营业务费用）÷基期主营业务费用×100％，其中：主营业务费用率＝（主营业务费用÷主营业务收入）×100％。与预警值相比，如相差较大，可能存在多列费用问题。

（2）销售（管理、财务）费用变动率＝〔本期销售（管理、财务）费用-基期销售（管理、财务）费用〕÷基期销售（管理、财务）费用×100％。如果销售（管理、财务）费用变动率与前期相差较大，可能存在税前多列支销售（管理、财务）费用问题。

（3）成本费用率＝（本期销售费用＋本期管理费用＋本期财务费用）÷本期主营业务成本×100％。分析纳税人期间费用与销售成本之间关系，与预警值相比较，如相差较大，企业可能存在多列期间费用问题。

（4）成本费用利润率＝利润总额÷成本费用总额×100％，其中：成本费用总额＝主营业务成本总额＋费用总额。与预警值比较，如果企业本期成本费用利润率异常，可能存在多列成本、费用等问题。

【任务 8-3】 成本费用率的行业预警值为 9.07％、销售费用变动率为 10.98％，内蒙古沃达阀门有限公司 2019 年至 2021 年相关营业损益数据如表 8-5 所示。计算 2020 年、2021 年费用类评估分析指标，并计算成本费用率、销售费用变动率的偏离度，如表 8-6 所示。

表 8-5　2019 年至 2021 年损益数据　　单位：元

项目	2021 年	2020 年	2019 年
营业收入	171 495 259.00	195 032 300.00	197 450 983.00
营业成本	163 974 211.00	186 208 049.00	188 708 891.00
税金及附加	55 129.00	125 816.00	111 129.00
销售费用	5 236 334.00	7 453 349.00	5 688 606.00
管理费用	1 798 965.00	1 860 997.00	2 210 660.00
财务费用	1 156 007.00	1 674 114.00	452 791.00
利润总额	708 416.00	3 647 263.00	2 351 194.00

表 8-6　2020 年、2021 年费用类评估分析指标

年份	2021 年	2020 年
主营业务费用变动率		
销售费用变动率		
管理费用变动率		
财务费用变动率		
成本费用率		
成本费用利润率		

【实践教学指导】

（1）根据费用类评估分析指标及其计算公式，2020年、2021年费用类评估分析指标计算结果如表8-7所示。

表8-7 2020年、2021年费用类评估分析指标

年份	2021年	2020年
主营业务费用变动率	−12.72%	0.08%
销售费用变动率	−29.75%	31.02%
管理费用变动率	−3.33%	−15.82%
财务费用变动率	−30.95%	269.73%
成本费用率	5.00%	5.90%
成本费用利润率	0.41%	1.85%

（2）成本费用率、销售费用变动率的偏离度计算结果如表8-8、表8-9所示。

表8-8 2020年、2021年成本费用率偏离度

年份	指标值	预警值	偏离度
2021年	5.00%	9.07%	−44.92%
2020年	5.90%	9.07%	−34.94%

表8-9 2020年、2021年销售费用变动率偏离度

年份	变动率	预警值	偏离度
2021年	−29.75%	10.98%	−370.90%
2020年	31.02%	10.98%	182.54%

（3）分析计算结果。从计算结果可以看出，成本费用率连续两年比预警值低，偏离度34%以上，可能存在多列营业成本等问题。销售费用变动率与预警值偏离度比较大，存在多列销售费用的问题。

（四）利润类评估分析指标及其计算公式和指标功能

主营业务利润变动率=（本期主营业务利润−基期主营业务利润）÷基期主营业务利润×100%。

上述指标若与预警值相比相差较大，可能存在多结转成本或不计、少计收入问题。

【任务8-4】 营业利润变动率的行业预警值为7.28%，内蒙古沃达阀门有限公司2019年至2021年营业利润如表8-10所示。分别计算2020年、2021年营业利润变动率及偏离度。

表 8-10　2019 年至 2021 年营业利润　　单位：元

项目	2021 年	2020 年	2019 年
营业利润	774 985.00	3 616 687.00	2 358 402.00

【实践教学指导】

（1）根据营业利润变动率计算公式，2020 年、2021 年营业利润变动率及偏离度计算结果如表 8-11 所示。

表 8-11　2020 年、2021 年营业利润变动率及偏离度

年份	变动率	预警值	偏离度
2021 年	－78.57%	10.28%	－864.32%
2020 年	53.35%	10.28%	419.00%

（2）分析计算结果。从计算结果可以看出，企业 2020 年至 2021 年营业利润营业成本变动率严重偏离行业预警值，可能存在少计收入多列成本等问题。

（五）资产类评估分析指标及其计算公式和指标功能

（1）净资产收益率＝净利润÷平均净资产×100%。分析纳税人资产综合利用情况。如指标与预警值相差较大，可能存在隐瞒收入，或闲置未用资产计提折旧问题。

（2）总资产周转率＝(利润总额＋利息支出)÷平均总资产×100%。

（3）存货周转率＝主营业务成本÷〔(期初存货成本＋期末存货成本)÷2〕×100%。

分析总资产和存货周转情况，推测销售能力。如总资产周转率或存货周转率加快，而应纳税税额减少，可能存在隐瞒收入、虚增成本的问题。

（4）应收（付）账款变动率＝[期末应收（付）账款－期初应收（付）账款]÷期初应收（付）账款×100%。分析纳税人应收（付）账款增减变动情况，判断其销售实现和可能发生坏账情况。如应收（付）账款增长率增高，而销售收入减少，可能存在隐瞒收入、虚增成本的问题。

【任务 8-5】 存货周转率的行业预警值为 616.59%，内蒙古沃达阀门有限公司 2019—2021 年部分报表数据如表 8-12 所示。计算 2020 年、2021 年资产类评估分析指标、存货周转率的偏离度，如表 8-13 所示。

表 8-12　2019—2021 年部分报表数据　　单位：元

项目	2021 年	2020 年	2019 年
营业成本	163 974 211.00	186 208 049.00	188 708 891.00
利润总额	708 416.00	3 647 263.00	2 351 194.00
利息支出	1 553 744.00	1 386 519.00	1 119 931.00

续表

项目	2021 年	2020 年	2019 年
净利润	829 576.00	1 541 071.00	1 791 121.00
净资产	53 200 725.00	53 988 287.00	49 010 406.00
总资产	266 661 876.00	254 020 149.00	254 020 149.00
存货成本	16 054 132.00	18 125 245.00	16 135 771.00
应收账款	109 948 570.00	93 518 152.00	63 194 660.00
应付账款	83 125 458.00	84 632 541.00	44 965 735.00

表 8-13 2019—2021 年度增值税、企业所得税申报数据表 单位：元

税种名称	2020 年	2019 年	2018 年
增值税	3 012 409.92	4 095 678.30	3 846 470.64
企业所得税	241 561.00	0	560 073.00

【实践教学指导】

（1）根据资产类评估分析指标计算公式，2020 年、2021 年产类评估分析指标计算结果如表 8-14、表 8-15 所示。

表 8-14 2020 年、2021 年资产类评估分析指标计算结果

项目	2021 年	2020 年
净资产收益率	1.55%	2.99%
总资产周转率	0.87%	1.98%
存货周转率	959%	1 087%
应收账款变动率	17.57%	47.98%
应付账款变动率	−1.78%	88.22%

表 8-15 2020 年、2021 年存货周转率偏离度

年份	指标值	预警值	偏离度
2021 年	959.49%	616.59%	55.61%
2020 年	1 087.00%	616.59%	76.29%

（2）分析计算结果。从计算结果可以看出，企业 2020 年至 2021 年存货周转率偏离行业预警值，应纳税额减少，可能存在隐瞒收入、虚增成本的问题。

二、指标的配比分析

（一）主营业务收入变动率与主营业务利润变动率配比分析

正常情况下，二者基本同步增长。以下三种情况出现时，可能存在企业多列成

本费用、扩大税前扣除范围问题。

（1）比值<1，且相差较大，二者都为负。

（2）比值>1 且相差较大、二者都为正。

（3）比值为负数，且前者为正后者为负。

【任务 8-6】 沿用【任务 8-1】和【任务 8-4】，计算指标值（指标值＝主营业务收入变动率/主营业务利润变动率）。

【实践教学指导】

2021 年指标值＝－12.07％/－78.57％＝0.15，比值<1，两者相差较大，都为负值，可能存在企业多列成本费用、扩大税前扣除范围问题。

（二）主营业务收入变动率与主营业务成本变动率配比分析

正常情况下二者基本同步增长，比值接近 1。以下三种情况出现时，可能存在企业多列成本费用、扩大税前扣除范围问题。

（1）比值<1，且相差较大，二者都为负。

（2）比值>1 且相差较大，二者都为正。

（3）比值为负数，且前者为正后者为负。

【任务 8-7】 沿用【任务 8-1】和【任务 8-2】，计算指标值（指标值＝主营业务收入变动率/主营业务成本变动率）。

【实践教学指导】

2021 年指标值＝－12.07％/－11.94％＝1.01，比值>1，两者相差不大，都为负值，少计收入多列费用风险较低。

（三）主营业务收入变动率与主营业务费用变动率配比分析

正常情况下，二者基本同步增长。以下三种情况出现时，可能存在企业多列成本费用、扩大税前扣除范围问题。

（1）比值<1 且相差较大，二者都为负。

（2）比值>1 且相差较大，二者都为正。

（3）比值为负数，且前者为正后者为负。

【任务 8-8】 沿用【任务 8-1】和【任务 8-3】，计算指标值（指标值＝主营业务收入变动率/主营业务费用变动率）。

【实践教学指导】

2021 年指标值＝－12.07％/－12.72％＝0.95，比值<1，两者相差不大，都为负值，税务风险低。

（四）主营业务成本变动率与主营业务利润变动率配比分析

当两者比值大于 1，都为正时，可能存在多列成本的问题；前者为正，后者为负时，视为异常，可能存在多列成本、扩大税前扣除范围等问题。

【任务 8-9】 沿用【任务 8-2】和【任务 8-4】，计算指标值（指标值＝主营业务成本变动率/主营业务利润变动率)。

【实践教学指导】

2021 年指标值=-11.94%/-78.57%=0.15，比值<1，税务风险低。

(五) 资产利润率、总资产周转率、销售利润率配比分析

如本期总资产周转率-上年同期总资产周转率>0，本期销售利润率-上年同期销售利润率≤0，而本期资产利润率-上年同期资产利润率≤0 时，说明本期的资产使用效率提高，但收益不足以抵补销售利润率下降造成的损失，可能存在隐匿销售收入、多列成本费用等问题。如本期总资产周转率-上年同期总资产周转率≤0，本期销售利润率-上年同期销售利润率>0，而本期资产利润率-上年同期资产利润率≤0 时，说明资产使用效率降低，导致资产利润率降低，可能存在隐匿销售收入问题。

(六) 存货变动率、资产利润率、总资产周转率配比分析

比较分析本期资产利润率与上年同期资产利润率、本期总资产周转率与上年同期总资产周转率，若本期存货增加不大，即存货变动率≤0，本期总资产周转率-上年同期总资产周转率≤0，可能存在隐匿销售收入问题。

三、增值税评估分析指标及使用方法

(一) 增值税税收负担率(简称税负率)

税负率=(本期应纳税额÷本期应税主营业务收入)×100%。

与预警值对比。销售额变动率高于正常峰值及税负率低于预警值或销售额变动率正常，而税负率低于预警值的，以进项税额为评估重点，查证有无扩大进项抵扣范围、骗抵进项税额、不按规定申报抵扣等问题，对应核实销项税额计算的正确性。

对销项税额的评估，应侧重查证有无账外经营、瞒报、迟报计税销售额、混淆增值税与营业税征税范围、错用税率等问题。

【任务 8-10】 增值税税负率的行业预警值为 2.40%，内蒙古沃达阀门有限公司 2019 年至 2021 年指标计算相关数据如表 8-16 所示。分别计算 2019 年至 2021 年增值税税负率及偏离度。

表 8-16 2019 年至 2021 年增值税税负率指标计算相关数据 单位：元

项目	2021 年	2020 年	2019 年
增值税应纳税额	3 012 409.92	4 095 678.30	3 846 470.64
应税营业收入	171 495 259.00	195 032 300.00	197 450 983.00

【实践教学指导】

(1) 根据增值税税负率指标计算公式，2019 年至 2021 年增值税税负率及偏离

度计算结果如表 8-17 所示。

表 8-17　2019 年至 2021 年增值税税负率及偏离度

年份	指标值	预警值	偏离度
2021 年	1.76%	2.40%	−26.81%
2020 年	2.10%	2.40%	−12.50%
2019 年	1.95%	2.40%	−18.83%

（2）分析计算结果。从计算结果可以看出，企业 2019 年至 2021 年增值税税负率偏离行业预警值，可能存在多抵扣进项税额、少计销项税额等问题。

（二）进项税金控制额

本期进项税金控制额＝（期末存货较期初增加额＋本期销售成本＋期末应付账款较期初减少额）×主要外购货物的增值税税率＋本期运费支出数×9%。

将增值税纳税申报表计算的本期进项税额，与纳税人财务会计报表计算的本期进项税额进行比较；与该纳税人历史同期的进项税额控制额进行纵向比较；与同行业、同等规模的纳税人本期进项税额控制额进行横向比较；与本期进项税额实际情况进行比较，查找问题，对评估对象的申报真实性进行评估。

具体分析时，先计算本期进项税金控制额，以进项税金控制额与增值税申报表中的本期进项税额核对，若前者明显小于后者，则可能存在虚抵进项税额和未付款的购进货物提前申报抵扣进项税额的问题。

（三）投入产出评估分析指标

投入产出评估分析指标＝当期原材料（燃料、动力等）投入量÷单位产品原材料（燃料、动力等）使用量。

单位产品原材料（燃料、动力等）使用量是指同地区、同行业单位产品原材料（燃料、动力等）使用量的平均值。对投入产出指标进行分析，测算出企业实际产量。根据测算的实际产量与实际库存进行对比，确定实际销量，从而进一步推算出企业销售收入，如测算的销售收入大于其申报的销售收入，则企业可能有隐瞒销售收入的问题。通过其他相关纳税评估指标与评估方法，并与税负变化的实际情况进行比较，对评估对象的申报真实性进行评估。

四、企业所得税评估分析指标及使用方法

（一）分析指标

1. 所得税税收负担率（简称税负率）

税负率＝应纳所得税额÷利润总额×100%。

与当地同行业同期和本企业基期所得税负担率相比，低于标准值可能存在不计或少计销售（营业）收入、多列成本费用、扩大税前扣除范围等问题，运用其他相

关指标深入评估分析。

2. 主营业务利润税收负担率（简称利润税负率）

利润税负率=(本期应纳税额÷本期主营业务利润)×100%。

上述指标设定预警值并与预警值对照，与当地同行业同期和本企业基期所得税负担率相比，如果低于预定值，企业可能存在销售未计收入、多列成本费用、扩大税前扣除范围等问题，应作进一步分析。

3. 应纳税所得额变动率

应纳税所得额变动率=(评估期累计应纳税所得额－基期累计应纳税所得额)÷基期累计应纳税所得额×100%。

关注企业处于税收优惠期前后，该指标如果发生较大变化，可能存在少计收入、多列成本、人为调节利润问题；也可能存在费用配比不合理等问题。

4. 所得税贡献率

所得税贡献率=应纳所得税额÷主营业务收入×100%。

将当地同行业同期与本企业基期所得税贡献率相比，低于标准值视为异常，可能存在不计或少计销售（营业）收入、多列成本费用、扩大税前扣除范围等问题，应运用所得税变动率等相关指标作进一步评估分析。

5. 所得税贡献变动率

所得税贡献变动率=(评估期所得税贡献率－基期所得税贡献率)÷基期所得税贡献率×100%。

与企业基期指标和当地同行业同期指标相比，低于标准值可能存在不计或少计销售（营业）收入、多列成本费用、扩大税前扣除范围等问题。

运用其他相关指标深入详细评估，并结合上述指标评估结果，进一步分析企业销售（营业）收入、成本、费用的变化和异常情况及其原因。

6. 所得税负担变动率

所得税负担变动率=(评估期所得税负担率－基期所得税负担率)÷基期所得税负担率×100%。

与企业基期和当地同行业同期指标相比，低于标准值可能存在不计或少计销售（营业）收入、多列成本费用、扩大税前扣除范围等问题。

运用其他相关指标深入详细评估，并结合上述指标评估结果，进一步分析企业销售（营业）收入、成本、费用的变化和异常情况及其原因。

【任务 8-11】 营业收入税收负担率、经营活动现金流出税负率、企业所得税税收负担率的行业预警值分别为 2.45%、2.19%、24.25%，内蒙古沃达阀门有限公司 2019 年至 2021 年指标计算相关数据如表 8-18 所示。分别计算 2019 年至 2021 年企业所得税评估分析指标，并分别计算 2020 年营业收入税收负担率、经营活动现金流出税负率、企业所得税税收负担率的偏离度。

表 8-18 企业所得税评估分析指标计算相关数据 单位：元

项目	2021 年	2020 年	2019 年
应纳税所得额	966 244.00	—	2 240 292.00
应纳税额	241 561.00	—	560 073.00
利润总额	708 416.00	3 647 263.00	2 351 194.00
营业利润	774 985.00	3 616 687.00	2 358 402.00
营业收入	171 495 259.00	195 032 300.00	197 450 983.00
支付的各项税费	342 270.00	585 864.00	455 582.00
经营活动现金流出	193 516 614.00	245 657 575.00	221 607 301.00

【实践教学指导】

（1）根据企业所得税评估分析指标计算公式，2019 年至 2021 年企业所得税评估分析指标计算结果如表 8-19、表 8-20 所示。

表 8-19 企业所得税评估分析指标计算结果

年份	2021 年	2020 年	2019 年
营业收入税收负担率	0.20%	0.30%	0.23%
经营活动现金流出税负率	0.18%	0.24%	0.21%
企业所得税税收负担率	34.10%	0.00%	23.82%
利润税负率	31.17%	0.00%	23.75%
应纳税所得额变动率	#DIV/0!	−100.00%	—
所得税贡献率	0.14%	0.00%	0.28%
所得税贡献变动率	#DIV/0!	−100.00%	—
所得税负担变动率	#DIV/0!	−100.00%	—

表 8-20 2020 年偏离度计算结果

项目	指标值	预警值	偏离度
营业收入税收负担率	0.30%	2.45%	−87.74%
经营活动现金流出税负率	0.24%	2.19%	−89.11%
企业所得税税收负担率	0.00%	24.25%	−100.00%

（2）分析计算结果。从计算结果可以看出，企业 2020 年以上三个指标偏离行业预警值，可能存在少计应纳税额等问题。

（二）评估分析指标的分类与综合运用

1. 企业所得税纳税评估指标的分类

对企业所得税进行评估时，为便于操作，可将通用指标中涉及所得税评估的指标进行分类并综合运用。

一类指标：主营业务收入变动率、所得税税收负担率、所得税贡献率、主营业务利润税收负担率。

二类指标：主营业务成本变动率、主营业务费用变动率、营业（管理、财务）费用变动率、主营业务利润变动率、成本费用率、成本费用利润率、所得税负担变动率、所得税贡献变动率、应纳税所得额变动率及通用指标中的收入、成本、费用、利润配比指标。

三类指标：存货周转率、固定资产综合折旧率、营业外收支增减额、税前弥补亏损扣除限额及税前列支费用评估指标。

2. 企业所得税评估指标的综合运用

各类指标出现异常，应对可能影响异常的收入、成本、费用、利润及各类资产的相关指标进行审核分析。

（1）一类指标出现异常，要运用二类指标中相关指标进行审核分析，并结合原材料、燃料、动力等情况进一步分析异常情况及其原因。

（2）二类指标出现异常，要对三类指标中影响的相关项目和指标进行深入审核分析，并结合原材料、燃料、动力等情况进一步分析异常情况及其原因。

（3）在运用上述三类指标的同时，对影响企业所得税的其他指标，也应进行审核分析。

第二节 税务风险管理

企业税务风险指标计算后，确定税务风险重点关注领域，需要进一步查验涉税会计凭证，查证问题。以下通过实例展示税务风险查证方法。

【任务 8-12】 2020 年 6 月 5 日与夏新商厦签订销售合同，销售 12 个液晶显示屏，价款共计 480 000 元（不含税），并在合同中规定折扣条件为“2/10，1/20，n/30”（以不含税的价款作为折扣基数），2019 年 6 月 12 日收到夏新商厦的货款共计 531 552 元。该公司税务会计开具增值税发票上注明货款为 470 400 元，税款为 61 152 元，税率 13%，价税合计为 531 552 元。该公司的账务处理如下。

借：银行存款　　531 552

　贷：主营业务收入——液晶显示屏　　470 400

　　　应交税费——应交增值税（销项税额）　　61 152

【实践教学指导】

（1）这是一笔含现金折扣的销售业务涉税处理业务。按照增值税规定，现金折扣发生在销货行为之后，故销售折扣不能从销售额中扣除。销售折扣因具有融资目的，销售额应全额计税。该公司税务会计处理这笔涉税业务存在以下问题：

① 发票开具金额错误。发票开具金额应按照销售全额开具，不能扣除现金折

扣金额。所以开票金额应为 480 000 元，税款为 62 400 元，加税合计 542 400 元。

② 营业收入确认金额错误。营业收入应按全额确认，不能扣除现金折扣。所以主营业务收入为 480 000 元。

③ 销项税额计算错误。销项税额＝480 000×0.13＝62 400（元），销售额不能扣除现金折扣金额。

按照以上错误，进行调账。

（2）以上错误，导致少计营业收入 480 000－470 400＝9 600（元），少计销项税额 62 400－61 152＝1 248（元），影响增值税、附加税和企业所得税应纳税额计算结果，产生税务风险。

【任务 8-13】 为了维护客户关系，2021 年 6 月 7 日端午节将 2021 年 1 月购进的一批电子按摩仪赠送给客户，已知该批电子按摩仪 1 月份购进时的价款为 2 400 元/台（不含税），而市场零售价格是 2 980 元/台，一共送出 15 台。税务会计认为不用开具发票也无须进行纳税申报。该公司的账务处理如下。

借：营业外支出　　　　　　　　　36 000
　贷：库存商品　　　　　　　　　　36 000

【实践教学指导】

（1）将自产、委托加工或者购进的货物无偿赠送其他单位或者个人增值税应视同销售，计算销项税额。将外购的电子按摩仪赠送给客户，未视同销售，存在税务风险。少计销项税额 2 980/1.13×0.13×15＝5 142.48（元）。税金及附加增加 5 142.48×(7%＋3%＋2%) ＝617.10（元）。应调账。

（2）企业所得税也应按视同销售处理，应纳税所得额增加 2 980/1.13×15－2 400×15－617.10＝2 940.42（元），应纳税额＝735.11×25%＝735.11（元）。

【任务 8-14】 2021 年 7 月 5 日与华银科技公司签订合同，约定向华银科技公司销售一批直饮机，其不含税价格为 60 万元，同时约定华银科技公司 7 月 20 日前需支付全部价税款，否则华银科技公司需支付 3 万元的违约金。7 月 15 日按照合同约定国华电器股份有限公司向华银科技公司发货，但由于华银科技公司资金出现问题，7 月 25 日才付款，共支付货款 60 万元、增值税 7.8 万元、违约金 3 万元。该公司的账务处理如下。

借：银行存款　　　　　　　　　　　　　　　708 000
　贷：主营业务收入——直饮机　　　　　　　　　600 000
　　　应交税费——应交增值税（销项税额）　　　　78 000
　　　营业外收入　　　　　　　　　　　　　　　30 000

【实践教学指导】

违约金属于增值税价外费用，没有计算销项税额，存在税务风险。按照规定，价外费用为含税收入应并入销售额，计算销项税额。因此，销项税额增加 30 000/1.13×0.13＝3 451.33（元）。税金及附加相应增加 3 451.33×（7%＋3%＋2%）

＝414.16（元）。应调账。

【任务8-15】 2021年8月27日与润达贸易股份有限公司签订销售合同。销售一批台式电脑给润达贸易股份有限公司，其不含税的销售价款为120万元，为保证货物运输安全，为其提供包装物并收取押金6万元，约定3个月内返还包装物时退还押金。2021年9月1日发出货物并开具增值税专用发票。当日收到润达贸易股份有限公司的货款及包装物押金共计141.6万元。截止到2021年12月1日仍未收到润达贸易股份有限公司退还的包装物。该公司关于该笔合同相关会计分录如下。

2021年9月1日，

借：银行存款　　1 416 000

　贷：主营业务收入——台式电脑　　1 200 000

　　其他应付款——润达贸易股份有限公司　　60 000

　　应交税费——应交增值税（销项税额）　　156 000

2021年12月1日，

借：其他应付款——润达贸易股份有限公司　　60 000

　贷：其他业务收入　　60 000

【实践教学指导】

逾期包装物押金没有计算销项税额，存在税务风险。增值税规定，纳税人为销售货物而出租出借包装物收取的押金，单独记账核算的，时间在1年内又未逾期的，不并入销售额征税。对收取的包装物押金，逾期（超过12个月）并入销售额征税。逾期包装物押金应纳增值税＝逾期押金÷(1＋税率)×税率，税率按照所包装货物适用税率确定。销项税额＝60 000/1.13×0.13＝6 902.65（元）。应调账。

【任务8-16】 2021年10月1日—7日为增加电视机PM23D的销售量，公司举办了以旧换新活动，每台PM23D电视机市场销售零售价为3 800元，每台旧电视机作价350元。7天内通过以旧换新方式销售新电视机30台，该公司账务处理如下。

借：银行存款　　103 500

　贷：主营业务收入——电视机PM23D　　91 592.92

　　应交税费——应交增值税（销项税额）　　11 907.08

【实践教学指导】

增值税规定，纳税人采取以旧换新方式销售货物的（金银首饰除外），应按新货物的同期销售价格确定销售额。但金银首饰以旧换新，以实际收取的不含增值税销售额计税。公司账务处理时扣除了旧电视机350元，涉税处理有误，存在税务风险。主营业务收入＝3 800/1.13×30＝100 884.96（元），销项税额＝100 884.96×0.13＝13 115.04（元）。应调账。

【任务8-17】 2021年8月以银行存款500万元投资宜信运输公司，取得宜信运输公司20%的股份，投资时宜信运输公司净资产为2 750万元。税务会计认为账务无误，2021 年无须调整纳税金额。该公司的账务处理如下。

借：长期股权投资——宜信运输公司（投资成本）　　5 500 000

　贷：银行存款　　5 000 000

　　营业外收入　　500 000

【实践教学指导】

企业所得税按历史成本计量，所以长期股权投资的初始投资成本的计税基础为 500 万元；按企业会计准则规定，权益法核算的长期股权投资初始投资成本为 550 万元。形成税会差异，应调减金额＝550－500＝50 万元，如表 8-21 所示。

表 8-21　A105000 纳税调整项目明细表

项　目	账载金额	税收金额	调增金额	调减金额
	1	2	3	4
一、收入类调整项目(2＋3＋…8＋10＋11)	—	—		
（一）视同销售收入(填写 A105010)	—			—
（二）未按权责发生制原则确认的收入(填写 A105020)				
（三）投资收益(填写 A105030)				
（四）按权益法核算长期股权投资对初始投资成本调整确认收益	—	—	—	500 000.00
（五）交易性金融资产初始投资调整	—	—		—

参考文献

［1］ 高翠莲，蔡理强. 云财务会计岗位综合实训［M］. 北京：高等教育出版社，2019.

［2］ 高翠莲，李媛媛. ERP管理会计岗位综合实训［M］. 北京：高等教育出版社，2019.

［3］ 高翠莲. 管理会计基础［M］. 第2版. 北京：高等教育出版社，2021.

［4］ 单松，刘小海，赵德良. 管理会计综合实训［M］. 北京：高等教育出版社，2020.

［5］ 罗佛如. 纳税实务［M］. 北京：化学工业出版社，2021.

［6］ 林松池. 税收筹划［M］. 第3版. 北京：高等教育出版社，2019.

［7］ 2021年全国职业院校技能大赛赛项正式赛卷（会计技能赛项、智能财税赛项）［EB/OL］. 2021-06-19.

［8］ 2019年全国职业院校技能大赛高职组赛项正式赛卷（会计技能赛项）［EB/OL］. 2019-05-15.

［9］ 纳税评估管理办法（试行）（国税发〔2005〕43号）［EB/OL］. 2006-04-12.

［10］ 财政部会计资格评价中心. 财务管理［M］. 北京：经济科学出版社，2019.

［11］ 罗佛如，郭海霞. 会计综合实训［M］. 北京：化学工业出版社，2018.